女孩安全指南

田静 · 女孩别怕团队 ◎编著

湖南文艺出版社
HUNAN LITERATURE AND ART PUBLISHING HOUSE

博集天卷
CS-BOOKY

图书在版编目（CIP）数据

女孩安全指南 / 田静·女孩别怕团队编著 . -- 长沙：湖南文艺出版社，2024.4

ISBN 978-7-5726-1670-9

Ⅰ.①女… Ⅱ.①田… Ⅲ.①女性－安全教育－指南 Ⅳ.① X956-62

中国国家版本馆 CIP 数据核字（2024）第 043059 号

上架建议：畅销·女性读物

NÜHAI ANQUAN ZHINAN
女孩安全指南

著　者：田静·女孩别怕团队
出 版 人：陈新文
责任编辑：匡杨乐
监　制：于向勇
策划编辑：刘洁丽
文字编辑：罗　钦　张妍文
营销编辑：时宇飞　黄璐璐　邱　天
封面设计：末末美书
封面绘图：峨眉子英
装帧设计：李　洁
内文排版：谢　彬
出　版：湖南文艺出版社
　　　　（长沙市雨花区东二环一段 508 号　邮编：410014）
网　址：www.hnwy.net
印　刷：河北鹏润印刷有限公司
经　销：新华书店
开　本：875 mm×1230 mm　1/32
字　数：164 千字
印　张：8.25
版　次：2024 年 4 月第 1 版
印　次：2024 年 4 月第 1 次印刷
书　号：ISBN 978-7-5726-1670-9
定　价：52.00 元

若有质量问题，请致电质量监督电话：010-59096394
团购电话：010-59320018

☆ 序 言 ☆

大家好，我是田静，"女孩别怕"的主理人。

"女孩别怕"是一个专注女性安全科普的团队，从2017年4月5日诞生起，"女孩别怕"就有一个清晰的目标——"为女性安全生活，提供解决方案"。

到现在，我们坚持做这件事已经6年多了。"女孩别怕"通过文字、漫画、视频的形式，已经将2000多条推送传播给上百万女性粉丝。

有人可能不理解，为什么要一直做女性安全知识科普？

世界上每天有那么多坏事发生，未必就会轮到我头上，学习这些有什么用？

我的答案很简单：我们不能以自己的生命和安全为代价，去博那个"不会发生"的概率。更何况，这种风险发生的概率远比我们想象中的高。这也意味着女性安全知识很重要，每个女孩都必须要了解它。

首先，女性与男性在生理上存在先天的差异，相较于男性，女性处于弱势地位。

这个差异决定了，在面对一些危险情况时，女性更容易受到伤害。

我们来看两组数据：

一是关于家暴。根据妇联的数据统计，2016年，我国2.7亿个家庭中，有30%的已婚妇女曾遭受家暴，平均每7.4秒就会有一位女性受到丈夫殴打。

二是关于出行安全。2017年，《中国青年报》对2023名受访者进行了问卷调查，其中53.5%的女性受访者表示自己或身边的女性曾遇到过地铁性骚扰。

这两组数据，只是窥见女性生存状况的一个小切口。

我和团队中的其他女性伙伴，在成长过程中，也多少都经历过那些令人恐惧的时刻。如放学路上碰到露阴癖，被陌生人跟踪，在亲密关系中遭遇精神暴力……

在日常生活中，我们也时不时处于恐惧中。穿裙子外出，会担心被偷拍；独居时，深夜响起的敲门声会让我们毛骨悚然；打车、面试、走夜路时，都要多留个心眼，总担心会遇到坏人。

这份恐惧并不特殊。我在"女孩别怕"公众号上发过一篇讲"如何识别黑中介"的文章，收到的留言里，有100多个人都说自己也被黑中介坑过；陷入校园贷的女孩也有很多，打车被性侵的女孩也有很多。

在"女孩别怕"账号的后台，我收到过许多女孩的求助和倾诉。危险无处不在，校园、职场、家庭、酒店……它们往往发生得很突然，大多数人在危险降临的时候，大脑一片空白，无法想出最佳的应对方法。

我们必须面对的现实是，对女性来说，这个社会确实存在很多危险。

遗憾的是，我们无法扫清、消除所有的危险。我们能做的，是提前了解、识别危险，尽可能将受害程度降到最小。

我能做的，就是提供一点绵薄之力，告诉大家如何自保，如何避免受伤。

这是我做"女孩别怕"的初衷，也是这本《女孩安全指南》与你们见面的原因。

根据危险发生的场景，我把这本书分为四个部分：生活中的不安全、远离职场陷阱、亲密关系中的危险，以及危急时刻，如何自救。

比如：

如何识别藏在日常生活用品里的偷拍摄像头？

在公交、地铁上遇到色狼怎么办？

独居时该注意些什么？

在恋爱、婚姻中遭遇身体暴力、精神暴力，该怎么保护自己？

遇到职场性骚扰该怎么办？

在外被人跟踪，如何让路人能主动帮助你？

被陌生人绑架、袭击，怎么逃生？

…………

文章里的故事都来源于真实案例，具有代表性和普遍性，并给出了相应问题的解决办法，既有实用靠谱的应对措施，也有简明易懂的法律知识和心理知识。

我不会阻止你穿短裙，劝你晚上不要出门，不要独自居住……这些牺牲自由的退让并不能阻止危险的发生，也不能消除风险，只会让女性更加恐惧。

我想教你成为一个"不好惹"的女孩，敢报警、敢反抗，善用法律武器，懂得洞察人心。

看完这本书，你会发现，许多安全问题靠自己动脑动手就能解决。

我希望，《女孩安全指南》里的一篇篇文章，能给你提供安全感，能成为你应对不时之需的保命锦囊。

即便危险无法完全消除，先天性的生理差异难以改变，我也依然相信，女性可以用智慧去化解危机，女性不是弱小怯懦的代名词，相反，我们可以变得聪明并且强大。

我一直都在，和所有关心女性的你们一起，想让更多女性活得更有安全感。

维护女性安全并不是轻松的坦途，但只要我们保有信心，不断促成一点点微小的改变，如同愚公般，坚定信念，坚持行动，最终总能撼动那座名为"危险"的大山。

目　录
Contents

第一章 Part 1

生活中的不安全

在个人隐私越来越透明的年代，危险常常近在身旁，
这种情况下女孩要怎么保护自己呢？

第二章
Part

远离职场陷阱

招聘陷阱虽然可怕，却并不是无迹可寻。多一分细心，多一分警惕，就能最大程度地避免成为黑心公司的猎物和棋子。

第三章
Part

亲密关系中的危险

渴望爱情与救赎并没有错，但一定要提防，
因为有人可能利用你的弱点来伤害你。

第四章 Part 4

危险时刻，如何自救

相信你自己，你的勇气、智慧和掌握的安防技巧都能成为
你免于恐惧的护身符。

第一章
Part 生活中的不安全

掌握必备的安全知识，培养防范意识和自我保护意识，能让我们生活得更有底气和安全感。相信自己的聪明才智，冷静应对可能出现的各种意外。

但是，仅仅靠女性的自我保护意识、防范意识，是不能阻止罪犯侵害的。

凌晨3点，裸男闯入我的房间

· 独居安全 ·

独居，是许多女性成年生活中要面临的第一个挑战。数据显示，2021年我国成年单身独居人口9200万，其中四成多是女性。这也就是说，大约每17个女性里，就有一个是独居者。

对独居女孩来说，"安全"两个字任何时候都不能忽视。但一个令人忧心的事实是，女性、独居，这两个词放到一起，遭遇意外的概率就会呈几何倍数增长。

2021年大年初一，有位北漂独居女孩不慎被困在浴室里30小时，只能喝自来水。

2021年7月，美妆博主"花花"出差期间独自住在某知名酒店，凌晨3点，一个全身赤裸的男子闯入了她的房间。

2021年，厦门一位25岁的独居女孩，因为拒绝某房屋中介的表白，被残忍杀害。

独居是个人选择，女孩选择独居时，需要具备足够的安全意识与逃生能力。

一、在老小区遇害的独居女孩

2021年10月，在上海长宁区某小区，一位28岁的独居女孩失踪了。

联系不上她的好心同事来到她居住的小区，调取监控录像后发现了疑点：她失踪当天下午，一名戴口罩的男子从她家的楼道走出，还拖着一个巨大的行李箱。案发10小时后，上海警方成功抓获了这名男子，但此时女孩已经身亡。

嫌疑人和女孩租住在同一个小区，两人都住在6楼，居住的房间隔空相对。这是个老旧的小区，楼与楼之间紧紧挨着。根据其他住户所说，这是个"没有秘密的小区"，如果不拉上窗帘，站在自家窗前向对面看，人家在炒什么菜都能看得一清二楚。

女孩生前大概也没有想到，危险居然就潜伏在距离自己如此之近的地方，她并没有用窗帘把自己的房间遮挡起来。有住户回忆，嫌疑人曾经站在自家窗前，窥视对面女孩的一举一动。

在这起恶性案件发生后，居民们纷纷向媒体抱怨小区物业常年不作为，不仅环境脏乱差，到处堆积着垃圾，还存在各种安全隐患。居住人员杂乱且缺乏管理就是隐患之一，嫌疑人和另外3名男子同住在不到30平方米的群租房中，街道办事处对外来人口的登记也较为松懈。

在小区楼距已经很近，居民隐私得不到保障的情况下，小区仍计划建造用来赚钱的医院、公共卫生间。与此同时，小区对已经开始倾斜的"危险楼房"却视而不见，从不派人维修加固。一旦发生火灾、地震等意外，小区的各个路口障碍丛生，很容易引发骚乱，使居民不能及时逃脱。

我们不能指责受害女孩缺少先见之明，没有选择一个配套设施更好的小区。她租住的一居室在市中心，每月房租要5000元，在寸土寸金的大都市，不是每个人都有能力住进安保森严的高档小区。

由此案可以看出，独居女孩很可能在不经意间就让自己置身于危险之中，因此了解相关的安全知识就显得尤为必要。我希望所有独居女孩都能提高警惕，看完这份"独居女孩实用秘籍"。

二、独居女孩，怎么保护自己？

（一）当你独自居住时

租房时尽量选安保做得好的小区。如果你预算不够，也可以考察一些当地居民较多的老小区，那里人与人的关系相对友善。搬家时，如果请搬家师傅，最好找个朋友陪你，不要轻易透露自己是独居。租房签完合同拿到钥匙后，尽快换掉锁芯，这点钱千万不能省，毕竟你无法确定谁手中还会有钥匙。房东可能确实把钥匙全给了你，但万一上一个租户配了一把呢？

不仅仅是睡觉前，洗澡和做饭的时候也要记得把门反锁，因为水声和抽油烟机的声音很大，假如有人破门而入，你可能听不见。

有人敲门，要先从猫眼确认对方是不是熟人。如果你没有报修，哪怕对方说自己是物业人员或者维修工，也不要轻易开门。对了，不要好奇心太强，门外有特殊的动静也不要开门，有一些不法分子会制造婴儿啼哭声、猫狗叫声等引诱你开门。

设置紧急联系人，危急情况下要一键便能联系到。你也可以搞一点科技小手段，在门上安装一个摄像头。

（二）当你独自走夜路回家时

如果独自走夜路，别总顾着低头玩手机、发微信，更别戴着耳机大声听音乐。否则如果有坏人靠近，或者身后有车出现，你根本发现不了。做不到及时反应，你也就没有足够的逃跑时间。如果身后有男生经过，你可以站在灯光下或者走到人多的地方，停下来等对方过去，确认安全后再走。

如果深夜打车回家，记得一定要把路线发给家人或好友。现在的打车软件都已经具备行程分享功能，千万不要因为大意而不用。

如果搭乘电梯，电梯门一开看到里面全是男性，那就假装等人，等下一趟。尽量不要单独和陌生男性一起进电梯，尤其是夜深人少时。晚上坐电梯，可以选择站在能按到按钮的门边，一旦情况不对，按最近的楼层的按钮下电梯，同时可以大声呼救。

（三）如果你遇到了拦路抢劫

歹徒拦路抢劫分两种情况：一只求财，二求财并且索命。

第一种情况，别任由他抢包，要把包往远处扔，扔得越远越好。一般情况下，歹徒对钱包更感兴趣，等他转身去拿钱包时，你就赶紧跑！

第二种情况，让他抢包，同时"哀求"他："钱都给你，不要杀我……"但是，一旦生命受到威胁，就要伺机逃跑或奋力呼救，记住，呼救时喊"着火了"比喊"救命"有用。

（四）当你叫外卖或收快递时

虽说快递业实行了实名制，但几乎没有快递员在送快递时检查收件人的身份证。因此，你通常可以用昵称或者给自己起一个男性名字收快递。网购的东西尽量让快递员把东西送到公司，宁愿自己费点事下班带回去，也别送到家里去，尤其是独居女孩。**扔快递箱子或者快递单、外卖单时，记得先用笔把名字、地址、联系方式涂掉。**

（五）当你发朋友圈时

别懒，定期删除微信好友列表中不熟悉的人。尽量不要显示自己的定位，避免过多暴露自己的感情状态、家庭情况、工作地点和日常行踪等。

（六）当你出门旅行、出差时

外出旅行，衣着打扮尽量低调，不要透露出明显的游客痕迹。很多地方的小偷，甚至团伙作案，专找外地游客下手。遇上偷东西、抢劫是小事，危及人身安全就是大事了。**不安全的地方尽量少去，或者白天去。**

选酒店的时候尽量避免选择小型旅馆或地点偏的酒店。不管住几星级酒店，睡觉前一定要记得锁好门。最好能随身带一个阻门器，它可能会占用旅行箱一点空间，但能救你的命。实在不行，还可以拿一把椅子把门顶住。

不要一声不响地出发，把行程单发给你的家人或朋友。万一你失踪了，他们也知道从哪里开始寻找。

（七）当你跟同事出去聚餐时

同事聚餐，如果大家关系并不熟的话，不要把独居、单身的信息透露给别人。遇到不喜欢的男同事执意要送你回家，可用"有朋友过来接"等借口推托。实在无法拒绝，就找关系较好的女同事相伴，避免和对方独处。

后记

英国女作家伍尔夫曾说过，女性需要一间属于自己的房间。

对一个女孩来说，独居本该是人生最好的一段时光。在属于自己的空间里，她能自由地成长，享受属于自己的生活。这个房间，原本应该是让人身心放松、感到自由的，而不该是充满不安和恐惧的。

掌握必备的安全知识，培养防范意识和自我保护意识，能让我们生活得更有底气和安全感。相信自己的聪明才智，冷静应对可能出现的意外。

但是，仅仅靠女性的自我保护意识、防范意识，是不能阻止罪犯侵害的。希望每一个人都能意识到，独居女孩为了安全所做的各种防范并不是过度敏感，更不是被迫害妄想症的表现。当她无助时，不会有漫不经心的敷衍和高高在上的冷嘲热讽；当她呼救时，不会有冷漠的旁观者，对她面临的危险视而不见……当整个社会都能理解她，相信她，帮助她，让她不再孤立无援时，独居女孩才能不再恐惧。

女孩安全指南

熟人送的化妆镜里装满针孔摄像头

·防止被偷拍·

你能想象吗？一天，你的某位男性朋友说要送你一份礼物。好意难却，礼物送到家中。他"贴心"地指导你怎么使用。你察觉到不对劲，决定拆开，结果惊出一身冷汗——这面化妆镜里，竟然布满了偷窥用的针孔摄像头。

偷拍，是一种屡见不鲜的违法行为，但它的手法却在不断更迭。不法分子作案所用的工具往往是隐藏在各种日常用品里的针孔摄像头，用它们对准女孩的身体，甚至生活中的一举一动。

以隐秘的手段窥视他人的身体及日常生活，成为不法分子获取乐趣和快感的来源。这对女性的隐私与尊严造成了极大的困扰和威胁。

如何识别这些隐匿在暗处、不怀好意的摄像头呢？怎样才能避免有心之人罪恶目光的打量呢？

一、被装上摄像头的镜子

这样的事，真实地发生在一位女性小红书博主身上。

她与工作上认识的一名男性友人聊天时提到，近期想买一面化妆镜。对方随即表示，他有个朋友新开了个镜子厂，可以以优惠价格帮她买一个。女孩礼貌地询问了价格，并表示收到货之后会将费用转账给对方。

当这面镶着一圈LED灯的化妆镜送到时，女孩就发现镜子上有几个可疑的小洞。这名男性友人赶忙说是做工时不小心留下的瑕疵，女孩便放下心来。

接着，这个男人提出一个有些怪异的建议：镜子有个特殊的"瘦身美颜功能"可以试试，但前提是要全身裸露照镜子，还必须一直给镜子插上电源。

这一番叮嘱让女孩开始起疑，于是她联系商家，询问是否有所谓需要裸身的"瘦身美颜功能"，得到"否"的回答。在客服的建议下，她用螺丝刀拆开镜子背板，里面竟然藏着4个针孔摄像头和5张32GB的内存卡。

幸好，女孩还没有连接蓝牙，没有让私密照片上传到不法分子手中。她连忙带着这些证据向警方报了案。

女孩将这件事发到网上，希望更多女孩知晓这种偷拍方式。事情引起网友的激烈讨论，可作为受害者，女孩却遭到了一些人的诋毁和谩骂。

他们有的说这名男性友人是女孩的"男朋友""男闺蜜""暧昧对象"，还有的说这面镜子是男性友人"赠送"给女孩的，对此次事件的细节进行不实转述，不断加剧不明真相的网友对当事人的恶意。

但事实上，施害者是女孩因工作产生交集的男性友人，而不是带有戏谑意味的"男闺蜜"之类的，这面镜子也是女孩支付费用让施害者"代购"来的，而不是接受"赠送"得到的。

万幸的是，女孩及时察觉到不对劲，发现了镜子里藏着的针孔摄像头，警惕心让她的人身权益没有受到实质性侵犯。

像这样由认识的朋友作案，将偷窥装置改装成家庭用品，并放进女性家中的事情，我希望所有女孩都能了解并警惕。

二、偷窥设备，还可能藏在这些地方

常见的针孔摄像头个头小，因拍摄孔径只有针孔大小而得名。这些挂着"针孔""迷你"名头，却常常被不法分子用来偷窥的摄像头，只有大约一个指甲盖大小，运行时镜头中间会有一个发光的红点。

事实上，使用针孔摄像头本身并不违法，它原本是用在调查案件和保护人们的生命、财产安全之类的事情上的，比如记者暗访、警察取证等。但不法分子拿到了针孔摄像头后，却整天琢磨怎么用它偷窥别人的隐私。

因为个头小、便于隐藏，脑洞大开的商贩把针孔摄像头改造成了各种让人意想不到的模样。它们通常被藏在接电的设备里，比如音响、台灯、烟雾报警器、U盘、插线板、Wi-Fi路由器、充电头等。像上述案例中的镜子，不仅空间大到足够容纳多个针孔摄像头，通电的LED灯也为偷拍提供了便利。当然，不用接电的生活用品也可能"暗藏玄机"，比如帽子、鞋子、手表、雨伞柄、眼镜、衣架挂钩、沐浴液瓶、纸巾盒等。

抛开花里胡哨的伪装，按照功能，针孔摄像头主要可以分为即拍即看型和内置存储型两种。信号发射器将画面传输到装有接收器的电脑上，从而实现即拍即看功能的为即拍即看型。这种摄像头本身没有存储器，需要通过外置设备存储拍下来的视频。内置存储型的针孔摄像头自带存储卡和电池，无须外置存储设备，方便携带。藏在手表、钥匙、U盘里的针孔摄像头一般就是这种。

对女孩来说，不论是哪一种，个头如何迷你，如何伪装隐藏，只要掌握方法，针孔摄像头都是能被发现的。

（一）怎么判断附近是否有针孔摄像头

考虑到大部分针孔摄像头需要接电使用，将拍摄到的内容上传到网上，并且镜头会反光，我们可以采取以下办法排查。

1. 关闭房间灯光，在幽暗的环境下，用手机的手电筒功能或者红外线手电筒寻找发光点，也就是摄像头。

2. 用手机搜索共享Wi-Fi的设备，查找可疑的Wi-Fi信号。

3. 不管偷窥设备是否联网，其工作时都会发热，使用热成像仪可以快速发现发热区域，不过热成像设备价格很高，普通人购买不太现实。

4. 一般的插座，如果插头无法顺利插进去，可以联系客服人员，检查插口处是否装有摄像头。

在排查偷拍设备的过程中，我还注意到一点：安装在物件里面的摄像头，必须要有孔来拍摄外部的画面，那么本来没有孔的设备，就会突然出现不正常的孔。比如在一些插座板的侧面或者接口处，如果出现可疑的孔，那么很可能就是被安装了针孔摄像头，可以通过对比产品图、咨询客服和实体店工作人员确认是否正常。

也就是说，如果遇到一个本来没有孔的物件突然有了孔，那么就要警惕该物件内部可能被安装了针孔摄像头。

但是，不法分子的作案手段颇多，目前来看，以上所有的应对办法都不是百分百有效的，下面再列出一些网友贡献的保护隐私的"硬办法"。

① 使用美纹纸胶带，贴住你觉得有黑点、亮点、孔的地方。

② 购买一个两位数价格的浴罩，在外出洗澡、换衣服时使用。

还有网友提出用激光笔摧毁针孔摄像头，但也有观点认为一般设备的能量达不到要求，并且还需要精确对准摄像头，操作难度较高。

识别针孔摄像头是一个非常耗时耗力的过程，我们也不必时时提心吊胆，而是应该结合一些高频发生偷拍事件的场景重点关注。

（二）哪些地方是需要我们提高警惕的

酒店、民宿、试衣间、更衣室、公共卫生间、澡堂等场所，是偷拍事件的高发地带。以防万一，以下是大家在相关场所需要重点留意的地方。

1.酒店、民宿。

针孔摄像头再小也得占用一定空间，所以不可能出现在光秃秃的白墙上。因此，从房间上方往下看，最有可能藏针孔摄像头的地方有：

· 天花板上的烟雾探测器

· 空调出风口

· 对着床或卫生间的装饰画/摆设

· 电视附近

· 桌椅下沿

· 插座、纸巾盒、挂钩等小物件

检查时主要看看有没有不该出现的小圆孔，它们极有可能是藏摄像头的地方。此外，前面提到的关灯后在房间里用手机的手电筒功能或者红外线手电筒寻找发光点的方法也能帮助排查。

2. 试衣间、更衣室。

在试衣间、更衣室这种无法关灯排查的场所，就得靠"火眼金睛"了。在"H&M试衣间发现摄像头"的新闻中，当事人楚小姐在门板上发现了闪着蓝光的摄像头。**此外，试衣间、更衣室里的挂钩、镜子、拉帘附近都是要重点检查的地方。**

3. 公共卫生间、澡堂。

在公共卫生间与澡堂这种不得不暴露隐私部位的场所，更应当注意和小心。卫生间偷拍有几个放置摄像头的固定位置，从上偷拍无外乎利用隔板；侧向偷拍，基本是利用公厕底部的空间；背向偷拍，则是将各种伪装好的针孔摄像头放于纸篓甚至固定在便池中。

此外，不起眼但不合逻辑的物品也要重点关注，有人就在隔间外扔的包中发现了针孔摄像头。事实上，公共卫生间反偷拍的难度非常高，上个厕所还要练就侦查的本领也很荒唐。这些偷拍他人隐私的不法分子，不仅是为了满足个人的病态癖好，更可能是要让偷拍的视频流入地下市场，并以此牟利。

仅2021年前几个月，公安部破获的网络淫秽色情案件就有600余起，涉案金额达15亿元。可想而知，此类非法市场的规模有多么庞大。像"N号房"这样违法的情色视频网站，让女孩们的生活变成了供成百上千人取乐的"色情片"。

三、捍卫我们的权益，让更多女孩不受伤害

目前来说，不法分子在合法合规的渠道已经无法买到偷拍用的针孔摄像头之类的设备。国内的电商平台此前能搜到，现在也已经全面下线相关产品。但是，偷拍事件还是屡屡发生，防不胜防，那我们应该如何维护自己的权益呢？

如果你被偷拍了，首先一定要用拍照、录像等方式留下证据，并留存好装有摄像头的设备。其次就是及时报警和联系案发场所负责人。最后是诉诸法律途径，有以下相关的法律条款可以依据：

违反国家有关规定，向他人出售或者提供公民个人信息，情节严重的，处三年以下有期徒刑或者拘役，并处或者单处罚金；情节特别严重的，处三年以上七年以下有期徒刑，并处罚金。（《中华人民共和国刑法》第二百五十三条之一第一款）

偷窥、偷拍、窃听、散布他人隐私的，处五日以下拘留或者五百元以下罚款；情节较重的，处五日以上十日以下拘留，可以并处五百元以下罚款。（《中华人民共和国治安管理处罚法》第四十二条第六款）

侵害自然人人身权益造成严重精神损害的，被侵权人有权请求精神损害赔偿。因故意或者重大过失侵害自然人具有人身意义的特定物造成严重精神损害的，被侵权人有权请求精神损害赔偿。（《中华人民共和国民法典》第一千一百八十三条）

如果你发现了向不法分子生产出售偷拍用的设备的厂家，可以向执法部门举报——《中华人民共和国刑法》明令禁止研发、生产、销售针孔类摄像头。

如果你发现了偷拍网站，可以通过"中央网信办举报中心"公众号进行一键举报，或通过www.12377.cn举报入口提交举报，也可以拨打12377举报热线进行相关咨询。

积极索赔和随手举报是有必要的，自己的合法权益必须要捍卫。

后记

偷拍，是一种常见的针对女性的违法甚至犯罪行为。受害者看上去没有实际的损失，却在隐私与尊严方面受到了极大的伤害，甚至往往要长期背负骂名。

忍气吞声，要被质疑为人不够清白；举报反击，又可能被指责小题大做。

然而，实际上女性根本没有做错任何事。哪怕被偷拍，该羞耻的也绝不应该是受害者，而是每一个有着下流意图、肮脏行径的施害者——偷拍的行为是违法的，法律早已辨明了对错。

我希望，不要再有女性处于被偷拍的危险之中，不要再有女性生活在对不安全环境的恐惧之下。

我也希望，不要再有"受害者有罪论"，希望社会能够对受害者多一些支持和保护，任何人都有可能成为被偷拍的受害者，包括我们自己。

　　真正该被斥责、被嘲笑，令人不齿的，应该是那些下流的偷拍者。我们希望，将不法分子绳之以法，让偷拍无处遁形！

女孩安全指南

小心，酒吧厕所里有偷窥的双面镜

· 防止被偷窥 ·

我们日常起居、整理仪容，常常做的一件事是照镜子。但就是表面看上去光滑、简单的一面镜子，也可能成为不法分子偷窥的工具。

社交平台上，有人曝光了自己在酒吧女厕的遭遇：女孩上完厕所，在洗手台整理衣服、洗手、补妆，镜子对面却有人正在一边"观赏"，一边偷拍、小便，甚至做一些猥琐的动作，女孩对此浑然不知。问题就出在这面镜子上——这不是普通的镜子，而是能被人用来偷窥的双面镜。

学会如何识别双面镜，才能让我们的隐私不受侵犯，并让不法分子受到惩罚。

一、在女厕前的洗手台，可能有男人正在偷窥你

有位男士在酒吧上厕所时，惊讶地发现有群女孩就站在自己正前方整理衣服和头发。他很惊讶，一开始还以为自己上厕所被人围观。等再仔细看时，他才发现被偷窥的不是自己，而是对面的女孩们。

原来，男厕所里的这块透明玻璃是一面双面镜。男人们可以一边小便，一边"欣赏"眼前的女孩们。在厕所的洗手台前把自己好好打理一遍，整理贴身的衣服、裤子，这对任何女孩来说，都是常事，我也不例外。

我实在难以想象，自己在镜子前做一些私密动作的时候，镜子后面竟有人在注视着我的一举一动。

当这位男士把经历拍成视频，希望引起大众警惕的时候，却有人劝他"不要多管闲事"。视频不仅没有让这些人提醒身边的女孩注意保护自己，反而激发了他们去酒吧亲身体验偷窥别人的欲望。甚至还有人夸赞这样的设计，说是为客人造福，否认偷窥的事实，"女孩也只是在这里洗手而已，啥也看不到"。

最让我后怕的，不是跃跃欲试的看客，或是称赞酒吧厕所设计的观点，而是人们见怪不怪的态度——酒吧装双面镜，早已成为一件非常普遍的事。

二、酒吧早已是使用双面镜的重灾区

事实上，让男顾客一边上厕所，一边看美女，早就成了各地酒吧心照不宣的设计玄机。

广州的酒吧有，北京的酒吧也有，其他城市的酒吧同样有。早在2018年，就有人见过了这样的设计。一些酒吧特意安装这种双面镜，目的是让女孩们在私密空间里的一举一动变成店里VIP客户的"独享服务"。这面专门为"尊贵宾客"提供的双面镜，在广州的一家网红酒吧里。

有位博主曝光了自己发现这面镜子的经历。她和闺蜜去这家酒吧喝酒放松，两人进了厕所后，发现这里是个适合拍美照的好地方。然而，就在她们对着镜子按快门的时候，厕所里的一个女孩提醒她们："你们知道镜子后面是VIP包房吗？后面看得到哟。"事件曝光后，一位有责任心的酒吧从业人员选择站出来证实这件事的真实性。

他说，这间能看见女厕所内场景的VIP包房，原本只有酒吧的股东和重要客户才知道。后来酒吧开的时间久了，同行也就都知道了这件事。这些同行听说有这种装置的时候，第一反应不是觉得不对劲，而是表示"好玩和理解"，对双面镜背后的猫腻秒懂了……

这些还远远没有结束。

抖音上，一位专门做酒吧市场调研的博主也忍不住站出来爆料：酒吧里有双面镜的男厕所，成了一些人发泄私欲的绝佳场所。这位博主说，他曾经亲眼看到便池旁"心理素质极其强大"的男人对着镜子里的女孩做"诡异的事"，但女孩并不知道，自己明明什么也没做，就成了酒吧里某个男人的猥亵对象。

三、如何识别双面镜？

但凡了解一下双面镜最初的用途，就能知道双面镜绝对不应该出现在酒吧，尤其是女厕所这种私密场所。

双面镜最初是被用在什么地方的？是监狱、审讯室、精神病医院等需要被公权力掌控，或是实验室这种适用于单向观测的地方。简而言之，是对待"特定人群"的特殊办法。而酒吧里的双面镜，只供一些人消遣娱乐，却让女孩们处于弱势和被偷窥的恐惧中。

毕竟，我们不知道镜子后面是不是站着色情狂，也不知道他是礼貌性地低下头，还是在偷拍、做猥亵动作，更不知道危险会在什么时候到来……

在这种情况下，我们如何识别双面镜，保护自己？

（一）把手指放在镜面上，看指尖与镜像的距离

如果是普通的镜子，手指与镜面之间会便存在距离。相反，如果指尖到镜面没有任何缝隙，这面镜子就大概率是双面镜。但这个方法并不是百分之百准确。如果双面镜本身的涂层太薄，容易造成剐蹭，为了避免这种情况，商家便会在表面再加一层玻璃，这样"手指观察法"就失效了。因此，我们还需要其他辅助方法来辨别。

（二）敲击镜面听声音

如果听到的声音略带回响，那这面镜子很可能就是双面镜。普通镜子只有单面，敲击的时候不会有杂音。

（三）用手机相机拍摄

关闭房间灯源，拿出手机，打开相机和闪光灯，近距离对着镜子拍摄。如果是双面镜，镜子里出现的就不会是你的倒影，而是对面的画面。也可以用手电筒照射，如果能看到镜子对面的物体，就能断定这是一面双面镜。

（四）拿自带的小镜子对比成像亮度

双面镜在成像上，照出的画面会比普通镜子更暗。如果你面前的镜子，看起来要比手上的小镜子暗，那么它很有可能就是双面镜。

这和双面镜的原理有关：一般的单面镜使用的是不透明的镜面膜，能够完全反射光线，所以光线足，显得亮堂；而双面镜使用的是半透明的镜面膜，反射大部分光线的同时，还让一部分光线透了出来，所以镜面暗淡，但可以让另一边的人从观察面将镜子里的画面看得清清楚楚。基于这个"明暗"的原理，我们可以用一些工具辅助识别，比如随身携带的小化妆镜。把小化妆镜贴到可疑的镜子上，照自己的脸或者某个物体。如果可疑的镜子成像亮度明显低于小化妆镜，就要小心了。双面镜的光线反射率要低于单面镜，成像的亮度也明显更低。

（五）用手围出小圈观察

如果什么都没带，还可以用手在镜子前围出一个小圈，再透过小圈贴近镜子来观察，看"对面"是否有人。如果能看到另一边的情况，说明这是双面镜。

后记

其实在告诉大家如何鉴别双面镜的时候，我是希望女孩们出门在外，能多一份戒备心，但绝不是劝女孩们"不要去酒吧"。

该受到谴责并整改的，不是女性顾客，而是这些将女性的身体用来供客人"消费"的酒吧。一旦双面镜能取悦男性顾客，酒吧老板尝到甜头后，就会有越来越多的酒吧效仿。

酒吧女厕所里的双面镜无疑侵犯了女性顾客的隐私权，是违法的。我们不仅要从道义上抵制它，也要学会用法律武器保护自己，惩戒坏人。发现双面镜后，你可以向消费者协会、市场监督管理部门投诉、举报相关酒吧；还可以通过拍照、录音、录像的方式，保留不法分子偷窥、偷录的证据，及时报警。

我们不奢求将酒吧这样的娱乐场所变成专门保护女性的地方，但请发自内心地尊重女性。

跟踪狂自以为是的浪漫有多可怕？

· 跟踪 ·

你有没有在网上"搜"过自己喜欢的人？我和朋友聊了一圈发现，10个朋友里面，8个都有过这样的经历。

比如，有个姑娘大学时暗恋学长，想知道他的名字、他的行踪，又不敢直接上前搭讪，就通过豆瓣兴趣小组、微博、人人网等各种渠道搜索他的信息。"我觉得自己当时都有点变态了。"她说。

向这些朋友深入了解之后，我发现了一个问题。即使是有很强烈的渴望，大部分人在"搜索"时，心里都会有一条"边界"——他们不会真的骚扰他人生活，不会给别人带去困扰。

我相信绝大部分人，即使有过这样的经历，也能及时意识到自己正在"越界"，克制冲动，恢复理性。但剩下的一小部分人却会游走在危险的边缘，他们可能只是普通人，没什么明显的异常，不知不觉就成了一名跟踪狂。

我这里所说的"跟踪狂"，在英文里对应的是"stalker"这个词，指的是经常用带有威胁性和非法的方式去骚扰他人的人。他们骚扰的对象包括名人、前任、陌生人，方式不局限于现实里的跟踪，还有网络跟踪、骚扰威胁、精神操纵等。

那些常在危险边缘游走的潜在跟踪狂，有一部分会演变成彻底失去理性、边界感和道德感的跟踪狂。这最终可能让他们从"幽灵"变成"魔鬼"。

一、那个"乖巧的"跟踪狂

（一）谢谢你深夜为我打伞，但我真的很害怕

我们团队里有一位姑娘曾有过一次惊悚的被跟踪经历。

一天下班比较晚，她独自一人回家。下着小雨，巷子虽然有路灯，但还是很黑，没什么人。她正埋头快步走着，忽然感觉头上一黑……一把巨大的黑伞从身后遮了过来。可她身后的人并没有再上前一步，也没有说话，只是沉默地跟着她。她吓了一跳，也不敢回头，加快了脚步。但那人又不断跟上，为她撑伞。

她心跳加快，手脚冰凉，终于绷紧了神经，飞奔跑掉。

但那个撑伞的人一直牢牢跟在她身后，直到出了巷子，人多了起来。她假装蹲下来系鞋带，让对方先走，然后趁机过马路，躲进路边的超市，才摆脱这个阴影。

或许很多人刚听到开头，会觉得这可能是个"浪漫故事"。雨中撑伞、暗地帮忙、疯狂寻踪、创造惊喜……然而这样的经历对当事人来说，却可能是无法言说的恐惧。那不是惊喜，是惊吓。如果他直接说"你好，我带了伞，可以帮你打

一会儿，以免你淋雨……我看我们好像顺路，我带你一会儿吧……"，都比一声不吭直接把伞遮在女孩头上好得多，也更能被接受。

《世界奇妙物语》中有个故事：男孩为了满足女友"渴望得到惊喜"的愿望，制造了一系列夸张到可怕的"惊吓"。男孩为了祝贺女友工作转正，在她家里贴满了祝贺的字条，上面还沾着血——为了拿到她公寓的备用钥匙，他把公寓管理员杀了。故事最后，男孩给了她一个最大的"惊喜"。他故意摔死，火化后，骨灰里冒出一枚戒指——他在死前吞下戒指，这样就可以给她一个"意外的求婚"了。

有这样一种精神疾病——"钟情妄想症"，是妄想型精神分裂症的一种。钟情妄想症是一种精神疾病，妄想出的情节是患者自己虚构的，现实中并不存在，旁人的劝解和提醒对患者毫无作用。钟情妄想症的开端，往往就是这种"自以为是的浪漫"。跟踪者总是会"一厢情愿"地把这类行为当作"浪漫"，进而深深地"自我陶醉"。而这，对别人来说往往是恐惧的开始。

（二）只是因为在人群中多看了她一眼，他"追踪"了她半年

还记得那个在王府井书店蹲守女孩的"痴情男"吗？

2018年中秋节，孙某在王府井书店偶遇了一个姑娘。"当

时我跟她在书店遇见，对视了有十几秒。我心里觉得非常满意、非常合适。但是当时没留联系方式，非常后悔。"

为了再次见到这个姑娘，他辞职在书店蹲守了50多天，期待再次与她偶遇，这期间全靠借钱过活。媒体把他的"浪漫"行为当成"美谈"来报道，网友也觉得这故事太"浪漫"。但随着他的行为不断升级，大家才发现事情不对劲——他越来越像个"变态"。

始终等不来姑娘的孙某，又使出了很多"计策"：他跑到法院，想通过起诉来寻找那个姑娘，但法院不受理；跑去招聘会现场寻人，要求网友把他的故事做成动画样本……

2019年4月初，他又发了一篇"寻人启事"，向姑娘隔空传讯。"以后咱不能继续在王府井书店等你啦。书店工作人员说了，从今以后都不许我去等你。他们势众，有的还拿个破电棍劈里啪啦的，太吓人了！有道是，双拳难敌四手，好虎架不住群狼。咱还要和你携手一生呢。所以考虑再三，决定以后就在天安门广场国旗那儿等你了。那里有人民警察、人民解放军同志，还有人民英雄纪念碑矗立着，还有人民领袖的英灵在那里罩着，比较有安全感。"

我看完毛骨悚然……我甚至怀疑，当时那个"十几秒的对视"真的发生过吗？或许姑娘只是在看远处的东西？幸好，那个姑娘没被他找到，我真心希望她永远别被他找到。

他的表现已经是典型的跟踪行为，同时又有"钟情妄想症"的迹象。进一步发展下去，后果不堪设想，而现实里还有无数类似的事。

（三）他评论了姑娘几千条朋友圈

她叫阿夏，曾经是一个很喜欢用朋友圈和微博记录生活的姑娘，直到那个跟踪狂在一夜之间给她过去3年里发的几千条朋友圈——发了评论——她的生活，被一个极端的变态"无死角反复视奸"。

那时微信朋友圈还没有"三天可见"功能，也不能删除评论。她感到惊恐、恶心、窒息、崩溃，最后只好把所有朋友圈全都删掉。

后来这个跟踪狂还做了一系列疯狂的事，给她带去了极大的痛苦。花重金给她买"惊喜"礼物；疯狂骚扰她的朋友和家人，跟他们表达自己的"深情"，请他们帮忙"求情"；跟踪她，在她小区蹲守，半夜12点上楼敲门……

直到她委托一家律师事务所，给那人发了律师函，向他发出严重警告，他才消停。阿夏因为这件事，受到很大的心理创伤，但她选择直面这件事，成长、强大起来。她研究跟踪狂的心理，对国内外多起案件进行了深入了解，并且尽可能完善地梳理反跟踪方法，以此帮助更多女孩。她通过邮件联系，前后帮助了70多个女孩，帮她们答疑。

"我想把过去的惨痛经历，变成帮助别人的力量。"她说。听到更多女孩被跟踪狂骚扰的经历之后，她才发现，自己经历的事"还算轻的"。

"有些人的偏执问题更加严重。甚至有姑娘被外国人缠上之后，那人从外国追到中国来。"

这种偏执发展到极端，就可能会带来最可怕的结局——"死亡"，毕竟并不是所有人都有"幸好"的结局。

二、跟踪狂到底都是怎么想的？

前几年有部热门美剧——《你》，它从一个跟踪狂的第一视角呈现整个故事，让人彻底看清一个变态跟踪狂的奇葩思路。

外貌英俊又才华横溢的书店老板，邂逅了一位有抱负的美女作家。为了了解她，靠近她，他通过网络搜集她的一切私密信息，还悄悄潜入她的家里，偷走她的内衣、日记，甚至手机。从"自我陶醉"到"病态迷恋"，他的状态越来越扭曲，后来竟然真的跟那个作家谈起了恋爱。

他愿意为了这个美女作家做任何事，这都是"为她好"："我人肉你、跟踪你，是因为发自内心地喜欢你，想要了解你。我杀了你的人渣前男友、好朋友、心理咨询师，是为了保护你不受伤害。你怎么能被人不认真地对待呢？你应该被我小心保护才对。我把你囚禁起来，因为你需要时间来理解我的良苦用心，你也需要一个真正远离喧嚣的空间创作文学作品。我杀了你之后不会感到内疚，是因为我已经替你完成了你的梦想——出版一本引起轰动的小说，受人瞩目……"

最后，变态男主角为了"保护"自己爱慕的女孩，把她的渣男前男友囚禁起来，将之杀害。这种极端扭曲的自私和占有欲，最终让他成了"魔鬼"。

这样的人，当然少见。

那我们平常生活里的那些跟踪狂，都是怎么想的呢？

女孩：今天用了香水，头发真好闻，开心。

跟踪狂：前面的那个姑娘，香水这么好闻，还撩头发，是故意吸引我吧！

女孩：那张海报上的明星好帅啊！忍不住想多看几眼。

跟踪狂：她刚刚对我微笑了一下，还看了我好几眼，她是不是看上我了？

女孩：刚才路上很黑，又没什么人，他跟上来要微信，我不敢不给他。

跟踪狂：她给我留了微信，证明她肯定也喜欢我，想跟我在一起。

女孩：他一直缠着我问我在干吗，真不想理他！

跟踪狂：她半天才回一条消息，还总是不理我，这明明就是要考验我的忠诚度，欲擒故纵嘛。

他们的臆想让人诧异、反感、恶心，然而他们却不自知。你是不是也遇到过这样的人呢？

三、被跟踪了该怎么办？

我在前面提到了很多跟踪狂骚扰的方式：现实跟踪、网络跟踪、骚扰威胁、精神操纵……

每一种都值得你警惕，并且学会用恰当的方法制止和反击。你身边的人、媒体、舆论，如果把跟踪狂的纠缠行为视为"浪漫"，就可能会纵容他们，甚至"推波助澜"。你自己如果也侥幸大意，不敢行动，逃避回击，带来的就可能是永久的精神和身体伤害。

我梳理出一份完整又简洁的公共场所反跟踪指南，希望大家能多读几遍，记在心里：

· 保持警觉，少看手机多看路。

· 如果感觉被跟踪，可以过马路、逆行，确认跟踪者。

· 联系家人朋友，发送定位，请他们接你。

· 去人多的地方，甩掉跟踪者，地铁、商场、广场都可以考虑。

·趁地铁或公交车马上要关门的时候，快速下车，甩掉跟踪者。

·去派出所、有保安的办公楼、居民区、店铺等"安全地点"求助。

·找看起来可靠的男性求助，请他陪你走一段路，假装你们认识。

·直接对跟踪者发出严厉喝止："你不要再跟着我了！"但要在周围有人时才能这么做，否则可能激怒对方，引来危险。

·如果要大声求救，喊"着火了"，快速引起更多人注意，别喊"救命"。

·拉开随身携带的报警器，吸引周围人的注意，震慑对方。但不要在周围没人的时候用，因为起不到求救效果，还会激怒对方。

如果以上方法都用不上，就拼命地跑！还是那句话：宁愿被人当成神经病，也不要拿生命去赌一次侥幸！

后记

"死缠烂打地追求，无处不在地跟踪"，是对浪漫的误解与扭曲。这种自以为是的做法，是一场自恋的表演，给女孩带去恐惧与反感。我想跟那些跟踪狂或者有类似倾向的人说，请停止你们失控的臆想，停止"钟情妄想"，停止跟踪纠缠行为。她的举动，真的不是你想象的那样。

我也希望女孩们能更加警惕，当你们身边出现潜在的跟踪狂时，请及时理智辨明，不要再把他们的行为当作"浪漫"。因为你们出于善意的帮助，在他们看来不是"助人为乐"，而是对他们"更进一步"的鼓励。

"我的脸被盗了"

·P图造谣·

社交网络越来越发达，通过手机在各种社交平台上实时分享、记录生活，已经是很多女孩的日常。但是，你精心挑选的自拍照、生活照，发到网上后，可能被潜伏的"有心之人"或是素未谋面的陌生网友盗用并恶意PS（修图）。

这些被恶意PS过的图片可能出现在色情网站上，也可能流传在各个群里，被熟人看到，给女孩的生活带去巨大的困扰，极大地损害女孩的声誉和尊严。

对于猖獗的"盗脸"行为，我们要了解他们的手段，提前保护好自己的隐私，更要学习相关的维权方法，这样才能震慑那些抱着侥幸心理满足自己恶趣味的不法之徒，才能击碎无孔不入的"盗脸"产业链。

一、她在地铁被"一键脱衣"

2023年3月，一个和"广东地铁"相关的话题登上微博热搜，一个女孩赤身裸体地搭乘地铁的照片被疯狂传播。猎奇的好事者以低俗的语言臆造女孩的身份——小三、性工作者，还说她玩得真刺激……

事实上，当事女孩是小红书上的一位博主，那张照片原本是她发在网络平台上的日常穿搭照，被人盗用后用AI技术"一键脱衣"，成了全网传播的色情图片。

你可能会问：小红书是开放的社交平台，博主账号上有大量公开发布的个人照片，那么作为普通人，在自己的微信上发照片，会不会安全一些？

答案是未必。被同学、朋友盗取照片并P图造谣的事件时有发生。

2021年，中山大学发生了一起恶意造谣事件，17名女生被学生会主席赵某某造谣为"母狗"，蒙受了巨大的羞辱。赵某某在聊天群里肆意散布恶意合成的裸照，编造聊天记录，污蔑这些女生"集体卖淫"。经过调查后，珠海警方予以赵某某行政拘留3日的处罚，中山大学也开除了他。

2022年5月12日，女孩小张在某色情网站的论坛上看到一张色情图片，旁边写着"经常勾引男人"的配文。照片上的脸是她的，可她确定自己从未拍过这样的照片。小张立即报警，与此同时，她联系了另外几位受害者。她们发现原始图片大多来自她们的微信朋友圈，这说明P图造谣的人是她们的共同好友。通过分组发朋友圈的方式，再比对论坛中新发的帖子和照片，小张不断缩小怀疑对象的范围。11月，在小张的协助下，警方锁定了造谣者的身份——小张的高中同学，在苏州大学就读的赵某。

小张很意外，实在想不通赵某的动机是什么。她记忆里的赵某"品学兼优"，一直是班长，为人正直，人缘很好，还有个相恋4年的女友。小张打算先和对方好好沟通一下。

2023年年初，短短的15分钟会面里，赵某先是承认了自己的所作所为，说这是因为自己"本来就有些心理变态，也不遮遮掩掩"，反复求小张不要把事情传播出去。但从始到终，赵某都不觉得自己的行为有错，没对小张说"对不起"。这让受害者们很不能接受。

两个月后，小张和其他受害者仍旧没等到赵某的道歉。愤怒之下，小张写下一篇关于此事前因后果的文章，发布在网上。2023年3月，苏州大学经过调查后，依照学校相关规定给予赵某开除学籍处分。

这两个案件在当时都引发了相当的关注，有不少女性网友认为，仅仅行政拘留几日和开除学籍的处罚还是太轻了，因为造谣者可恶的行为，已经对当事人造成了无法弥补的精神创伤。

那么，根据法律规定，盗图、P图造谣的人到底要承担哪些法律责任？怎样才能让他们为自己的行为付出应有的代价？如果我们遇到这样的人，怎样做才能最大程度降低自己受到的影响，保护自己的声誉和权益呢？

二、被恶意P图造谣，该如何维权？

查阅相关法律资料后，我发现造谣者需要承担三类法律责任。

（一）民事责任

盗取他人生活照，侵犯了受害者的肖像权、名誉权等受《中华人民共和国民法典》保护的人格权，受害者可以要求造谣者删除盗取的照片，停止侵害，消除影响，向自己赔礼道歉、赔偿损失。

人格权是民事主体享有的生命权、身体权、健康权、姓名权、名称权、肖像权、名誉权、荣誉权、隐私权等权利。（《中华人民共和国民法典》第九百九十条）

民事主体的人格权受法律保护，任何组织或者个人不得侵害。（《中华人民共和国民法典》第九百九十一条）

人格权受到侵害的，受害人有权依照本法和其他法律的规定请求行为人承担民事责任。受害人的停止侵害、排除妨碍、消除危险、消除影响、恢复名誉、赔礼道歉请求权，不适用诉讼时效的规定。（《中华人民共和国民法典》第九百九十五条）

（二）行政责任

公安机关可以对造谣、传谣者处以罚款和行政拘留的处罚。

公然侮辱他人或者捏造事实诽谤他人的，处五日以下拘留或者五百元以下罚款；情节较重的，处五日以上十日以下拘留，可以并处五百元以下罚款。（《中华人民共和国治安管理处罚法》第四十二条第二款）

（三）刑事责任

"捏造事实诽谤他人"情节严重的，构成侮辱罪和诽谤罪。

以暴力或者其他方法公然侮辱他人或者捏造事实诽谤他人，情节严重的，处三年以下有期徒刑、拘役、管制或者剥夺政治权利。（《中华人民共和国刑法》第二百四十六条）

怎样算是"情节严重"？针对网络造谣，《关于办理利用信息网络实施诽谤等刑事案件适用法律若干问题的解释》中有明确的说明，从传播度、对受害者造成的影响、造谣者是否有前科等方面给出了标准：

1.同一诽谤信息实际被点击、浏览次数达到五千次以上，或者被转发次数达到五百次以上的；

2.造成被害人或者其近亲属精神失常、自残、自杀等严重后果的；

3.二年内曾因诽谤受过行政处罚，又诽谤他人的；

039

4.其他情节严重的情形。

此外,造谣者通过网络制作、传播色情图片,哪怕不以此牟利,也属于传播淫秽信息,情节严重的构成刑事上的传播淫秽物品罪。

制作、运输、复制、出售、出租淫秽的书刊、图片、影片、音像制品等淫秽物品或者利用计算机信息网络、电话以及其他通讯工具传播淫秽信息的,处十日以上十五日以下拘留,可以并处三千元以下罚款;情节较轻的,处五日以下拘留或者五百元以下罚款。(《中华人民共和国治安管理处罚法》第六十八条)

三、被恶意P图造谣,可以怎么做?

(一)收集好证据

不论选择什么样的维权方式,希望造谣者承担何种法律责任,我们都需要提前收集好相关证据,这样才能成功维权。要收集的证据类型包括:造谣者发布的帖子及其浏览量、转发量;用于证明你的社会评价因此变低、声誉变差的证据,比如网络评论、他人评价;和造谣者的聊天截图等。

但是截图类的证据容易被涂改,在法庭上的可信度不高。以防万一,你可以找到所在地的公证处及时公证。如果时间紧迫,担心对方删除造谣内容,你可以选择更方便的互联网公证，比如"百度取证"：注册账号，把造谣内容的网页链接粘贴上去，几分钟就能搞定。

（二）要求造谣者进行民事赔偿和公开道歉

恶意P图造谣侵犯了公民的名誉权、肖像权、隐私权等民事权利，你可以在律师的帮助下，对造谣者提起民事诉讼，要求他支付一定的赔偿金额，公开向你道歉，澄清事实，还你清白。

（三）向公安机关报案

你还可以第一时间报警。警察会对造谣者进行调查，核实无误后，还会对造谣者进行行政拘留处罚，并发布警情通报辟谣。如果警察在调查后发现，造谣者的行为造成了严重的影响，情节严重，还会依法追究他的刑事责任。

（四）提起刑事自诉

如果造谣者发布的内容传播很广，影响恶劣，且对你造成了很大的伤害，就很可能已经构成刑事犯罪。这时候，你可以考虑提起刑事自诉。侮辱罪和诽谤罪属于自诉案件。"自诉"的意思是"告诉才处理的案件"，也就是必须由受害者主动提起诉讼。如果你不去诉讼维权，事情可能就不了了之了。

不过，比起民事诉讼和报警，刑事自诉的难度要高得多，受害者需要证明造谣者的行为对自己造成了一定危害，同时举证其行为造成了较大的不良社会影响，论证要求高，很费时间。这也正是许多受害者，比如"苏州大学赵某造谣案"中的受害者小张放弃刑事自诉的原因。

（五）联系网警和网站删除

如果你收集好了证据，想尽可能地降低谣言对自己的不良影响，可以联系相关网站、App（应用程序）将相关信息全部删除。此外，你也可以打110找当地的网警删帖。

四、盗脸的人，目的是什么？

相信很多读者内心都会有一个疑问：为什么有人宁可冒着违法犯罪的风险，也要盗取别人的照片呢？他们的目的到底是什么？

（一）满足自己的恶趣味和变态心理

造谣者在盗用女孩的照片后，往往还会"绘声绘色"地编造一系列色情故事。比如很有名的"杭州取快递女子被造谣出轨案"，造谣者在偷拍后虽然没有P图，却"看图说话"，捏造了一个"被包养的富婆出轨快递小哥"的香艳故事，给受害者造成了极大的困扰。

他们的动机简单且低级，就是为了博眼球赚流量，满足自己的恶趣味和变态心理。这些案件，看上去是个例，但其实体现了性别歧视观念，造谣者物化女性，以践踏女性的尊严为乐，常常对身边的同学、好友"下手"。

（二）制造淫秽色情物品牟利

有一些人盗用他人照片的目的很明确，就是获取巨大的利益，通过炮制淫秽色情物品赚钱。

2023年，南华大学一名男生多次从微信朋友圈中盗取初中女同学的照片，将之P成色情照片后再配上编造的淫秽情节，打包出售，还参加"色情大赛"。

这类物品交易是非法的，他们的交易行为和交易平台隐蔽性很强，监管难度也很大。好在近些年网络监管部门对社交平台、社交账号的管制管控、打击治理力度都越来越大。我也鼓励大家多多举报，向警方提供相关线索，这样有助于执法部门开展工作。毕竟个人的力量和时间有限，而执法部门不仅可以处理一个个具体的案件，还可以顺蔓摸瓜找到源头，高效整治相关的现象。

（三）进行精准诈骗

盗窃他人照片的人会将海量受害者的生活照打包出售，只要20元，就能买到整整500张照片——几乎是一个女孩从校园毕业到结婚生子的人生记录了。

他们通常会写明套图主人的人设，比如刚结婚的小学老师、刚毕业的女大学生、从事金融业的女经理、爱健身的御姐……这些套图大部分被输送到诈骗产业的下游。真实的照片，有助于诈骗人员伪装成虚拟的美女，博取受害者的信任。接下来，骗子会打着交友、恋爱的旗号，向受害者讨要红包、推荐股票、贩卖色情视频等。

这条盗图诈骗的黑色产业，将被盗脸的女性置于极大的安全风险中。毕竟，骗子把自己的真实身份信息隐去了，顶着受害女性的脸去骗钱、骗感情——如果这些女性被上当的人找到，等待她们的可能就是骚扰、跟踪，甚至是暴力。

毕竟，他们认准的是这张"脸"的主人。

（四）其他用途

除了上述情况，骗子还可能把盗取的图片用于：在相亲网站上打着征婚名义"钓鱼"，作为"招嫖"广告中的女主角，为整容机构做虚假营销，微商广告的"买家秀"，等等。

比如某位女演员查出乳腺癌，做了左乳切除手术，之后给胸前的瘢痕拍过一组照片，发到朋友圈，以此鼓励和她一样与病魔斗争的患者。谁承想，这组照片被微商盗用，做成了整形内衣、美胸仪器和文胸广告。微商在广告词里添油加醋，把她得癌症的原因，归结于没有使用自家产品。这些行为，都极大地侵犯了当事人的隐私权、肖像权和名誉权。

后记

我们开开心心把美美的生活照发到各个社交平台，为的是记录美好的生活，期待的是与好友们的互动，但一不留神，可能就会掉进社交网络的"坑"。

热爱分享，在社交平台记录生活，这本没有错。但我仍想提醒所有女孩，在发布自己的照片时，尽量分组，尽量不要带上具体的居住、工作地点的定位，更不要暴露身份证、驾照、结婚证等携带重要身份信息的证件。

当然，哪怕分组也很难隔绝所有可疑的人——正如前面的案例提到的，盗取图片的人可能是你的同学，也可能是你熟识的好友。如果真的遇到被P图造谣的情况，我们要做的或许不是过度反省，责备自己不够小心，而是应该拿起法律武器，给违法犯罪者一些颜色瞧瞧。

在公交、地铁上遇到色狼怎么办？

· 地铁性侵 ·

中国青年报社会调查中心曾通过民意中国网和问卷网对1899人进行调查，结果显示53.4%的受访者曾在公交或地铁上遭遇性骚扰，51.7%的受访者遭遇性骚扰时未得到他人帮助。受访者中，男性占35.2%，女性占64.8%，81.9%的受访者经常乘坐公交或地铁，被触摸是受访者最常遭遇的性骚扰方式。这些数据背后的受害者大部分都忍气吞声了。

我们感到异样时，或许都在自我反省：我是不是太敏感了？车厢是不是太挤了？他矢口否认的话，我好像下不来台？……在这种看似微不足道的事情上，我们似乎需要更大的勇气。

但当你迈出第一步时，你会发现，这些困惑很快就会从你的世界里消失殆尽，反击是有效的举措。

那如何有方法、有技巧地制止对方？我听了不少勇于发声的案例，她们教会我这样做。

一、你凶他就尿，你弱他就狂

有读者给我留言，讲她在地铁被"顶族"（指在公交和地铁上，通过身体摩擦，对女性进行骚扰、猥亵的人）骚扰的事，我看后觉得很难过。

"车上不是特别挤，但有个男的一直贴在我背后……我回头看他，他竟然还冲我笑，特别猥琐。"她不敢动，更不敢出声。之后，这个"不反抗"的姑娘遭遇了更多顶族。连着一个多星期，她每天都会遭遇同样的事情，而且几乎全是不同的人。

"我是看了你们的文章才知道，这群变态男会聚在QQ群里交流信息。我觉得他们肯定是摸清了我每天几点坐车，在哪一站上车，然后商量好了轮流骚扰我。"

这段遭遇给她留下了非常严重的心理阴影，在很长一段时间里，她拒绝乘坐任何公共交通工具，最后被确诊"轻度抑郁"。

"我到现在还在做心理咨询。最后悔的就是当初没有及时反抗。"这是她留言里的最后一句话。

我看得特别揪心，试着鼓励她，跟她分享一些有效的应对方法。事实上，外在的样子很反映一个人的气势。我们公司有个姑娘，长得很漂亮，平时很安静，看似是遭到骚扰最不敢吭声的女生。但还真没什么人敢骚扰她——因为她从胳膊到肩膀，再到脖子，都文满了文身，还经常扎个高马尾，看起来太不好惹了。在骚扰者面前，"看起来不好惹"特别重要。

那没有文身，也不化浓妆的姑娘，该怎么表现"不好惹"呢？事实上，不通过外貌就能吓退骚扰者的方法也是有的。我们要明白对方的心理活动，很多情况下施害者一被吓唬就尿，他们是怎么想的呢？

二、惹还是不惹？这是个问题

很多在公交、地铁上被骚扰的女孩不敢反抗，甚至动都不敢动一下，有一个原因就是不了解自己和对方的处境。很多女孩的心态是：他是强势方，我是弱势方，我没有反抗之力。

骚扰者就是抓住女孩的这种心理，才敢下手。事实上，你对这种对立的局面理解反了：是你在明，他在暗。**暗暗做坏事的人，大多是害怕自己被暴露的。被人拆穿之后，他们通常十分恐慌。**

（一）避开"不好惹"的姑娘，是他们的"本能"

从公交、地铁里的咸猪手到性侵案罪犯，再到连环杀手，这些施害者里，很多人都有一种相似的"能力"——总能在人群中准确找出相对"更好欺负"的姑娘，就像用雷达搜寻兔子一样。

切换视角，我们想象一个场景：假如你是一个有意骚扰别人的施害者，下面这两种女孩，你会选择哪一种作为施害对象？一个穿着最普通的服装，样子不太自信，在人群里存在感比较低；一个性感外放，看起来比较大胆，肢体动作和神态都放松自如，存在感比较强。

是不是第一种会让你觉得更有"把握"一些呢？施害者选

择目标对象的时候，大多会选择那些他感觉"更好控制"而不是看起来很可能会激烈反抗的人。这是他们的一种本能。

这个说法有实验依据。

心理学家安杰拉·布克做过一项实验：让一批精神病态者观察12名女性志愿者走路的样子，看看他们会选择哪种女孩作为"假定施害目标"。结果这些精神病态者选出的"假定施害目标"高度一致——他们选定的"目标"，比其他女孩有更多的受害经历，他们说判断依据就是女孩走路的样子。

有研究者通过分析，找出了这类"潜在受害者"走路时的共同特征：走得慢，走路不抬腿，肢体不协调，垂头丧气，没精神，看起来虚弱，没有气势。

如果你认为自己可能就是这种更容易被盯上的"目标"，想短时间内在内在气质上有明显的改变，可能不太容易。但意识到这一点后，便可以开始逐渐暗示自己，做个自信且"不好惹"的姑娘。

当然，我们更应该关注的是：假如对方已经开始骚扰你，你还有没有机会反抗，该怎么利用他心理上的弱点，跟他较量？

（二）骚扰者的心理弱点是什么？他们到底害怕什么？

这群专门在公交、地铁里骚扰女孩的人，非常担心的一个问题就是——万一受害者喊出来怎么办？他们害怕被周围人发现，怕极了。

曾有媒体采访过一个地铁"顶族",他坦言,如果女孩不吭声或者没其他反应,他们就会越来越嚣张,但只要女孩瞪一眼,绝大多数人就不敢继续放肆了。

原因其实很简单,他们中有很多也是普通上班族,有正常的工作,有自己的家庭,有妻子和孩子。他们心里很清楚,自己这些肮脏的事一旦被发现,后果会非常严重。如果女孩报警,他们被抓进公安局,就很可能被拘留至少7天。因为"性骚扰"这样的事情蹲局子,他们会被人不齿,会丢掉工作,会没脸面对家人。这个后果,是大多数人都会恐惧的。

所以,女孩一旦反抗,他们很可能就会"认怂保命"。这就是你可以利用的他们的弱点。

三、如何"吓退"骚扰者?

我分析了多个案例,总结出了一些可以有效"吓退"骚扰者的方法。这些方法的核心目的在于——吸引周围人的注意,特别是地铁工作人员、公交售票员、司机这些人的注意。借周围人的注意力给骚扰者施压,终止他的施害行为,控制住他,尽快报警。

这些方法需要你"泼辣"起来,在心理上压倒骚扰者,跟他斗狠,这样才能震慑住他。

需要注意的是,这些方法比较适合在周围有人的地方用。

如果是在僻静无人的地方，就要谨慎使用，因为这反而可能激怒对方。

请牢记，你的语言就是武器。我总结了几种可以震慑骚扰者的"话术"，带大家找找"骂架"的语感。

（一）严厉指责他

大声斥责，指出骚扰者的行为有多么恶心和恶劣，让周围人知道他正在做什么。

你干什么呢！别急着拉上裤子，给大家看看你在干什么呢！你一直贴着我背后站，你也太恶心了吧！

你以为我会忍着你？找死呢！大家都看一看这个人，这里有个变态！

听你这么一吼，他就会知道：你不好惹！这时周围人也会把注意力集中过来，他就会停止骚扰行为，并可能逃跑。

（二）吓唬、威胁他

这种话术用得好的话，或许可以控制住对方。

我正录像呢，你给我放老实点！我已经请朋友帮我报警了，你跑不了了！

警察来之前你最好老老实实原地待着，否则我就把视频发网上去，让所有人都看看你长什么样。到时你就不光是蹲局子了，你的同事还有家人、朋友全部都会知道！

（三）表达自己坚定的态度

你可以表达自己坚定的立场，进一步表明自己有多"不好惹"。

今天这事不是骂你两句就完了，我有的是时间跟你掰扯清楚，我肯定追究到底！

一定要记住，该泼辣的时候就必须豁出去。这方面你可以多看看东北、川渝等地姑娘的短视频，从她们的语言风格里找找灵感。

（四）把那个变态的样子拍下来

你可以拍下自己指责骚扰者的过程，然后迅速发给朋友，留下证据。如果你玩直播，也可以考虑"直播抓色狼"。这样也可以震慑骚扰者，让他退缩。

微博上就有一个姑娘这么干过。她特别"彪悍"，拍下色狼丑陋的照片之后，"下一秒我就照他脸上打过去了"。那人脸皮厚得很，姑娘拍照时他还比了个剪刀手，一副死鸭子嘴硬的样子，但明显能看出他很慌张。

如果要用这种方法，就需要注意观察对方的状态，不要过度激怒对方，否则可能引起他的过激反应。

（五）用"防身工具"震聋他、晃瞎他

一些防身工具也可以帮你震慑骚扰者，比如噪声报警器、

强光手电筒等。当你像拉手榴弹一样，拉开报警器的保险栓时，它的高分贝噪声可以帮你吸引来周围所有人的目光，让你成为全场"最响亮的崽"。报警器的音量可以达到120分贝，比直接对着你耳朵大叫还吵。如果在比较暗的地方用强光手电筒直射骚扰者的眼睛，可以"晃瞎"他一小会儿，争取逃跑时间，但在光线比较亮的地方效果有限。

总结一下以上几种方法需要注意的关键点：

·吸引路人关注，大胆反抗；

·观察反应，不要过分激怒骚扰者；

·通过相关话术来制止骚扰者时，大胆泼辣一点，发挥你的演技；

·报警器、强光手电筒可以大胆地用，但用其他带杀伤性的防身工具时要注意安全，尽量避免误伤自己和他人。

后记

我知道很多人会有这样的困惑：万一我反抗的时候，对方被激怒，发生某地公交割喉案那样的事情怎么办？我想说的是，这样的极端案例，相对广泛发生的公交、地铁性骚扰案来说，毕竟是极少数。我们可以通过观察对方反应来适度反抗，争取避免遭遇危险，但绝不能因为这极少数的案例，就完全放弃反抗。那些我们不应该沉默着接受的伤害，就绝不接受。

到底是谁动了我的屁股？

· 地铁性骚扰 ·

有这样一则新闻报道，一个女孩在出地铁站时被色狼摸了一下屁股，但她反应迅速，蹬着高跟鞋拔腿就追了上去。结果色狼慌不择路，摔成了左脚骨折，拄着拐进了公安局，最后还被行政拘留了。

评论区有人对此疑惑不解："我以一个大老爷们的角度问一下，就为了摸这一下，有意思吗？"

然而，对色狼来说，这一下确实让他们挺有成就感。这种地铁性骚扰行为，其实是性变态的表现。这些色狼通常性心理发育不健全，在摩擦或触碰陌生人时，会获得一种强烈的性快感。当然，也存在突然鬼迷心窍，以为不会被人发现的色狼，他们可能就在你我身边，看起来还并不猥琐。

那么，究竟是谁在摸你的屁股？

一、摸你屁股的都是谁？

有观点说，无论是公交色狼，还是地铁色狼，都是一群好吃懒做、事业无成、经济困窘的Loser（失败者）。这可能有点以偏概全，其实色狼群体中不乏事业有成、物质富足的人。年龄上，也并非只有青壮年，上到80岁的老人，下至未成年人，都可能成为其中的一员。从作案手段来说，他们大多数惯用下身摩擦，或用手抚摸女性屁股，以此满足性欲。个别公交色狼甚至会摩擦、抚摸女性胸部（俗称"袭胸"）。

从作案动机来说，色狼可分临时起意和主动作案两类。临时起意的色狼都心虚胆小，被大声呵斥就会仓皇逃跑，被抓住一次后很难有勇气再次犯案。难办的是主动作案的色狼，他们有组织有安排，有自己的行话术语。这些人在社交网络上通过微信群、贴吧等分享作案信息，展示"战果"……

虽然有观点认为，"顶族"里存在一部分"摩擦癖"，这是一种习惯性或癖好性通过摩擦异性身体而获得性快感的性偏离；但大多数跟踪、性骚扰陌生女孩的"顶族"，就是拿女孩当作玩物来满足自己性欲的色狼，不会有丝毫愧疚感。

二、色狼爱摸谁的屁股？

以下几种类型的女孩，最容易被色狼盯上。

（一）集中注意力玩手机、听音乐或者看书的女孩
注意力集中在其他事情上，会降低防备，让色狼更易得

手。很多女孩因为玩手机太投入，根本感觉不到自己正在被侵犯，等到发现时，色狼早完事去寻找下一个目标了。

（二）看起来文静柔弱、好欺负的女孩

色狼不是一上来就肆无忌惮的，他们会先找看上去文弱的女孩，碰触，反复试探，如果女孩毫无反应，或者默默躲闪，他们才会更加放肆。如果女孩因为怕丢人，不自然地扭捏躲闪，他们会觉得更加刺激、享受。

（三）身材好的女孩

色狼作案只会在女孩身后或侧边，女孩的正面长相对他们来说意义不大，"背影杀手"才能满足他们的各种性幻想。如果是个大美女反而会让色狼望而却步，难以下手，因为她会吸引很多普通乘客的注视。色狼也担心一旦被发现，为美女见义勇为的人会更多。

（四）穿紧身裤、短裙的女孩

紧身裤能凸显女性的臀部曲线，有经验的色狼会根据布料质地选择目标，以获得最好的手感。你大概想象不到，短裙并不会直接引起色狼的欲望，对他们来说，这只是意味着更方便下手。

很多人把受到性骚扰归咎于女孩衣着暴露，认为穿着保

守、严实就不会遭遇咸猪手。这种想法大错特错，很多案件都发生在女孩衣着严实的冬天。

所以，**让色狼放肆的决定因素不是女孩的衣着，不是女孩的长相，而是女孩的忍气吞声和柔弱躲闪。**

色狼选择目标对象的时候，大多会选择让他们感觉"更好控制"的人。那些看起来"烈焰红唇高跟鞋、高冷大胆不好惹"的女孩，即便穿短裙，色狼也不敢轻易下手。这样的女孩在他们看来是"很难缠"的，一旦被发现，就会让女孩毫不羞涩地大声喊叫，追责到底。

我曾经调查过基于色狼群体衍生出的黑色产业，发现他们会在猥亵女孩的同时拍照录像，上传到色情网站上，进行大范围有偿传播，以此牟利。在你不知情的情况下，你的照片会出现在每一个登录色情网站的陌生男人手中。

所以遇到色狼，我非常鼓励女孩们反抗，抓住他们，至少能让他们受到惩罚；如果逃避，只会让他们对女性造成更多无法预估的伤害。

三、屁股被摸了，你该咋办？

猥亵他人的，或者在公共场所故意裸露身体，情节恶劣的，处五日以上十日以下拘留；猥亵智力残疾人、精神病人、不满十四周岁的人或者有其他严重情节的，处十日以上

十五日以下拘留。（《中华人民共和国治安管理处罚法》第四十四条）

色狼如果被抓住，就会被拘留5—10天。对有正经工作的普通人来说，这其实是不小的震慑。毕竟因为骚扰女孩进了拘留所，可不太好听。

前文具体介绍了几种自己吓退骚扰者的方式，接下来，我们可以巧妙借助周围人来帮我们脱困。**如果是在公交车上，可以向司机求助。**公交系统有相关职业规定，司机在上岗前都要接受处理类似突发事件的培训，他们会帮助你的。如果是在地铁上，不要漫无目的地向所有人求助，重点向身边的青壮男士求助，请他们帮你在地铁停站时将色狼带下车，交送地铁安保人员处理。

先求助再报警是比较明智的选择，有司机和乘客保护的情况下，可以避免色狼对自己造成人身伤害。即使色狼逃跑了也没关系，根据你提供的照片，警察有专业手段对之进行抓捕，比如本文开头提到的那个案例，就是警察查到色狼的身份后，直接通知他进的派出所。

四、怎样预防被人摸

（一）站或者坐在安全区域

地铁里，两节车厢的连接处是拥挤程度较低的地方，可以背靠车厢，不给色狼可乘之机。即便不能背靠车厢，因为没有视线盲区，色狼也不好下手。公交车中部护栏至尾部台阶是公认的高危区域，是摄像盲区，一旦在这里被色狼围堵，他们就可以用身体挡住乘客视线，肆无忌惮地下手。

（二）尽量站在摄像头能拍摄到的范围内

地铁每节车厢的中部都有360°摄像头，公交车的上客区、驾驶室上方、车厢中部台阶处、下客区均有摄像头……尽可能将后背留给女性（毕竟女性遇到同性色狼是极小概率的事），如果非常拥挤，也要仔细看一遍站在周围的都有谁。这一点非常重要，只有这样，一旦感觉到被骚扰，你才能迅速确定嫌疑人，及时采取措施。即使玩手机、看书也要分出注意力保持警惕，可以用包遮挡臀部，有外套的话可以把外套系在腰间，围挡住臀部。

2017年6月，北京市公安局公交总队在各个派出所成立了"猎狼小组"，从成立至今，他们抓到了很多胆大妄为的色狼。他们说的一句话我印象特深刻："女性该怎么穿就怎么穿，色狼交给我们。"

后记

我想告诉女孩的是，穿裙子也好，穿短裤、吊带装也好，都是没有错的，你想怎么穿就怎么穿，错的是那群色狼。他们如果敢伸出咸猪手，那你就放心大胆地抓住他。

相信我，他们比你想象中的怂多了。

"如果女生盯着那儿看，我会很满足"

· 露阴癖骚扰 ·

有个读者曾经向我求救，说她上学时遇到过两次"露阴癖"，每次都没有丝毫预兆，对方和迎面走来的路人没什么两样，只是突然停下，脱下裤子，然后疯狂跑开。虽然她没有受到实质上的人身伤害，但这种场面给人的冲击依然很大，她至今仍心有余悸，不知道再遇到这种情况时到底应该怎么办。

我咨询了团队里的几个姑娘，她们一多半竟然都有过相似经历。面对如此突发的状况，所有人都十分无措：有的当场就吓哭了，有的假装没看见，低头赶紧走，却吓坏了。

一、露阴症是病，得治！

一位心理咨询师朋友告诉我，别叫他们"露阴癖"，这是"露阴症"。这病怎么得的，医学上目前尚无定论，患者男女比例大概14：1，男性居多。

有露阴症患者根据自己的经历总结了几个患病原因：

1. 年幼时期亲身经历或旁观到别人不为人知的性经历，造成对性的强烈欲望，比如知乎上就有一位知友无意中看到同学的妈妈和一个男人亲密搂抱。

2. 年幼时和小伙伴互摸性器官或相互观看裸体。

3. 看了太多A片，尤其是在公共场合性交获得快感的片子。

4. 物化女性，将女性视作发泄欲望的物品。

5. 生活压力得不到疏解，欲望得不到满足，进而发展成露阴症。

因此，男性露阴症患者并非天生变态，他们中很多有妻子和孩子，因为欲望被压抑、内心孤独、想要满足刺激感等，才患上了这种心理疾病。通常露阴症患者只是对异性暴露下体，不会强迫对方与自己发生性行为，但也有一小部分会诱导对方触摸自己的性器官。他们作案后大多会感到羞耻和后悔，但性冲动到来时又很难控制自己，于是反复作案。

二、露阴症患者如何获得心理快感?

有露阴症患者曾自述过露阴过程中的心理感受:

1. 别人不敢，我敢，感觉自己像是拥有了一项别人都没有的特权。

2. 真的很危险，如果成功了，很满足，觉得做了一件了不起的事。

3. 无差别对任何类型的女性露阴，以满足自己对不同类型女生性幻想的需要。

4. 强迫症，有时候是无意识地就去做了，其实对方并不是自己喜欢的类型，但就是去做了。

5. 只了为了一时过把瘾，就跟抽支烟一样。

6. 幻想被"接纳"，如果做了坏事，她却没有惊慌失措，也没有表露敌意，我就会认为她不讨厌甚至容忍我这么做。所以女生表现得很淡定，甚至盯着我看上几秒，对我来说是最满足的。我不喜欢女生看到后惊慌的样子，因为她讨厌我并不是我希望的结果。

让这类人感到兴奋的不是裸露行为本身，而是对方的反应，反应分为惊慌和冷静两种，这就对应了他们不同的心理满足。

英国性心理学家霭理士在其著作《性心理学》中写道："有的露阴男性在暴露性器官时，女性的惊慌失措会让他得到情绪上的满足，这和正常性行为带来的满足感是一样的。通过露阴，他们认为在精神上破坏了女子贞操。"

《默沙东诊疗手册》指出了另一种可能："有些露阴癖者的露阴行为是强烈渴望他人观看其性表演的表现。这些人希望被已给出同意的观众观看，而不是为了惊吓别人。这类露阴癖者可能会拍摄色情电影或成为色情演员。他们极少为自己的欲望感到烦恼，因此也不存在精神疾病。"

三、遇到露阴行为应该怎么办？

（一）冷漠无视，快步离开

如果你是心理承受能力比较弱的女孩，这是最简单且行之有效的办法。冷漠和无视会让露阴者丧失兴致，停止裸露行为。快步离开不去看，那么上述喜欢被注视的露阴者就都不会从你身上获得快感，你也能降低自己受到的心理伤害。

（二）及时取证，立刻报警

如果你的心理承受能力比较强，能够取证报警最好。

在一则新闻里，遭遇露阴骚扰的张医生第一时间拿出手机，拍下了对方的露阴行为。待露阴者离开后，张医生迅速报警。民警在地铁站附近蹲守，没过多久就将作案人抓获。及时报警可以让露阴者控制和收敛裸露行为，减少对更多女性的伤害；也能让他们受到关注和重视，及时得到心理治疗，以免他们做出更危险的举动，造成更严重的后果。

据统计，超过10%的儿童性骚扰者和8%的强奸犯都是从露阴症发展起来的。

（三）不要用反抗、嘲笑等方式回击他们

大部分露阴者没有强奸意图，都是心理疾病患者，神志清醒，内心会有愧疚感。过分嘲笑、揶揄会对他们的身心造成更

大的伤害，一旦激怒他们，我们反而可能会受到人身伤害。

（四）已经造成心理伤害，及时寻求心理援助

露阴者的裸露行为给很多女孩造成了严重的心理伤害，她们受到这种刺激后在很长一段时间里都对男性有厌恶心理，无法和男性正常相处。遇到露阴行为后，如果觉得恶心、害怕，一定要和家人或亲密朋友倾诉。

对此，有心理咨询师给出了一些自我暗示疗法：

1. 必须要告诉自己：露阴症是一种心理疾病，不要和有病的人纠缠，更不要让他们破坏你的生活！不是你的错！你没有任何问题，只是不幸遇到了正在发病的人！

2. 不去回想，更不要怨恨，投身到学习、工作、运动、看书等正向活动中去，转移注意力。

如果受到了非常严重的心理伤害，就要尽快找心理医生进行治疗，或拨打希望24热线（400-161-9995），寻求专业心理咨询师的帮助。

四、如何提前预防遇到露阴行为？

虽然露阴行为是随机发生的，但多数露阴者的行踪是有迹可循的。他们会选择在熟悉的地方作案，让自己有安全感，或选择能让女孩惊慌程度升级的地点，以此来满足快感。

（一）高发时段：一年春夏，一日早晚

处理过多起露阴案件的民警说："早晚天色比较暗的时候、每年春夏两季发生露阴行为的频率比较高。"

（二）高发地段：人少空旷、人多拥挤、没有监控

人烟稀少的巷子、公园、街角、学校周边及没有监控的场所是案件高发地，此外有一些人会选择在拥挤的公交、地铁、电梯等地方作案，还有一部分人则会在窗边、阳台、门洞等位置对过往行人露阴。

（三）在案件高发地段结伴出行

露阴者爱找落单的女孩下手，他们大多性格内敛、孤僻，看到多人结伴会有所收敛。如果是已知的露阴案件高发地段，与家人、朋友同行会更安全。当同行人中有男性同辈或长辈在时，遇到露阴行为的概率会更低。

后记

请女孩们记住，即使真的遇到了露阴行为也不要害怕，利用前文列举的方法留下证据，就可以拿起法律的武器保护自己的权益。

那些疯狂的露阴者选择做这种冒险的事，无异于以身试

法，但他们依旧敢做，也是因为赌定了大部分被害人不会声张和报警。举报的声音越多，他们的罪恶之手就越无法在阳光下伸出。

电信诈骗术那么低级，真有人会被骗吗？

· 财产安全 ·

2022年11月15日，安徽省阜阳市建颍乡发生了一起电信诈骗事件。一位居民接到了骗子冒充警察发的几张通缉令，信以为真，瞒着家里人给骗子发银行卡号和验证码。然而，这起事件在微博传播的话题却是："女子收到通缉令后躲着家人发验证码：一看就是骗子。"

有很多人，可能也包括你，会发出跟这个话题一样的疑问："那么明显的骗局，真会有人信？"除此之外，冒充领导、虚构购物中奖、谎称银行卡被冻结、编造孩子被绑架等骗局也频频出现。

我不禁思考：我们究竟是在什么情况下不知不觉成了受害者的？

一、关于电信诈骗的惊人数据

现在，人人都有手机，恨不得一天24小时都攥着它，个人资料、社交圈子、存款等重要信息，几乎都储存在小小的屏幕里。手机让人与人之间的联结变得容易，也让个人隐私趋于透明。填写各类表格时无意留下的手机号，可能几经辗转就到了骗子公司那里。

根据公开数据，2021年，光是国家反诈中心拦截的诈骗电话就有15.5亿次，诈骗短信17.6亿条。这几年国家的反诈力度不断加大，2022年12月《中华人民共和国反电信网络诈骗法》施行，让我们的财产安全多了一层保护。但是，我们仍旧不能掉以轻心。据估计，近些年来，我国电信诈骗案件每年以20%至30%的速度快速增长。难怪那么多人在接骗子电话这件事上如此有共鸣。至于有多少人会中招，这个比例大概是0.1%，也就是说每打1000个诈骗电话就能套着一个倒霉蛋。

还记得"清华大学教师被电话诈骗1760万"的新闻吗？后续报道揭露了事情发生的经过——这位教师出售了一套房子，巧合的是，不久后他接到骗子冒充公检法工作人员的电话，让他补缴税款。骗子连他的个人信息都说得头头是道，让这位教师一不小心就落入了圈套。钱财被骗走尚且还有追讨回来的可能，但因受骗而逝去的生命却无法复生。2016年8月，一位名叫徐玉玉的女孩因被骗光上大学的学费，心脏骤停死亡。事发一年后，案件终于告破。兜售徐玉玉个人信息的黑客获刑6年，拨打诈骗电话的主犯被判处无期徒刑。

二、好好的一人，怎么就中招了？

"香港博士生遇电话诈骗，损失约370万元""九江大一女学生开学前接诈骗电话被骗光学费""女明星××被电话诈骗21万元"……无论是初入社会的青年男女，还是有一定社会阅历的高校教师，甚至是家喻户晓的当红明星，都有可能被诈骗电话诳住。在看了不少案例后，我发现，一个人是否会被电信诈骗迷惑，跟他的经历、学历没有太大关系。

事实上，电信诈骗的受害者大多是"刚好处于骗局情境中的人"。刚在网上下单了一件商品，就碰巧接到"客服人员"打来的退款电话；刚开了信用卡不久，就有"银行工作人员"通知"你的卡在异地发生了消费"……虽然这些事只是碰巧发生，但由于骗子"孜孜不倦"地给各种人打电话，总会遇到几个处于骗子所描述的情境之中的人。

接下来，通过复盘"徐玉玉案"，我们来具体看看电信诈骗的套路。

拿到大学录取通知书的玉玉，因家庭经济困难，向当地教育部门申请了助学金。当年8月18日，玉玉接到了教育部门的电话，对方让她办理相关手续，并称助学金过几天就能发下来。8月19日，玉玉接到了一通陌生电话，电话里的人自称是教育局的，有一笔助学金要发给她。玉玉和对方几经沟通，得知要把学费转到指定的账号卡上激活，才能收到助学金。于是，她便冒着大雨跑到银行，把9900元学费全部取出，存在了所谓"助学卡"上。存款完成后，"教育局"的人却迟迟没有回音，玉玉这才意识到自己可能被骗了。回拨电话后，对方已关机，她便焦急地拽上爸爸去派出所报案。然而，从派出所出来没多久，玉玉就突然倒下了。爸爸赶忙叫救护车，等急救人员赶来时，这个花季女孩却因心脏骤停离开了人世。

尽管不少电信诈骗的手段很老套，但处于"此情此景"中的人要快速识破骗局并不是容易的事。

三、诈骗套路虽老但有用

从腾讯发布的《2021年电信网络诈骗治理研究报告》来看，最为高发的10种诈骗类型，用的还是常见的老套路，其中占比最高的4种诈骗手段分别是：刷单返利诈骗（25.4%），杀猪盘诈骗（18.9%），贷款、代办信用卡诈骗（18.1%），冒充电商物流客服诈骗（11.5%）。除此之外，冒充公检法及政府机关诈骗（4.8%），冒充领导、熟人诈骗（4.0%），虚假购物、服务诈骗（3.9%），虚假征信诈骗（3.1%）也是非常常见的手段。

我们会发现，骗子惯用的手法有一个共同点：冒用"官方之名"，行诈骗之实。 他们通常会使用看上去很可靠的电话号码，比如好些诈骗电话以"400"开头，看起来跟专业服务热线没什么差别。对此，我要提醒大家，正规大型企业单位以400开头的热线电话，只会作为被叫使用，不会用作主叫外呼，而政府机关则不会使用以400开头的电话作为服务热线。所以，平时接到以400开头的号码，不是广告推销电话就是诈骗电话，对付它们最好的办法就是挂掉电话。

还有一种迷惑性很高的诈骗手法，这里着重讲一讲——冒充淘宝、京东等电商平台的客服实施电信诈骗。大多数女孩都很喜欢买东西，骗子也就乘虚而入，打电话谎称"你购买的物品出了问题需要召回，现在得办理退款"。有一位冉小姐就是因此中招的，当电话中的"客服"准确地说出她购买的物品和淘宝昵称后，她便深信对方的话，在指引下一步一步被骗走了2万元积蓄。这种骗局背后的套路是，骗子通过谎称支付宝正在升级无法退款，然后发来一个足以以假乱真的钓鱼网站，指导受害者去另一个"官方渠道"进行操作。然而，这个渠道事实上是个借贷平台，点击"提现"后会收到一笔钱。受害者操作完成后，"客服"会表示操作失误多退了款，并发来一个二维码请受害者把多退的钱转回去，这样受害者的钱就被骗走了。

四、怎样才能见招拆招

面对电信诈骗，我们首先要做到提高警惕，不轻信对方，及时核对信息来源。无论对方是所谓领导、熟人、公检法部门工作人员，还是银行小额贷款经理、快递员、电商平台客服……都可以通过核对信息来识破骗局。对方称自己是熟人就直接用电话、视频联系，对方称自己是快递员或者电商平台客服就查查物流与交易信息，对方称自己是公检法部门工作人员就打官方电话询问一下……

要警惕的是，有的诈骗电话和真实机构的电话是一样的。比如有人接到过95555的电话，这和招商银行的服务热线一样，结果对方是骗子。这背后是"改号软件"在作祟，它能让拨出去的电话在对方手机上显示指定的号码。如果接到银行打来的电话，涉及"信用卡还款提示""银行卡过期"等，别急着按语音提示转人工服务。把电话挂断，亲自拨号95555后转人工客服问清楚。如果收到的是短信，一定要认真查看这个网址是不是和银行官方网址一样，千万别错点了钓鱼网站。这是因为骗子一般会在短信中，以"银行卡失效""积分换礼品"等理由诱导用户点击诈骗链接。

此外，骗子还会冒充"10086"，内容通常是积分兑换、提示用户账户不安全等。事实上，中国移动官方的积分兑换奖品一般是话费、礼物等，绝不会是现金，他们也绝不会要求用户提供银行账号、身份证号、账户密码等敏感信息。当收到相关短信时，若无法判别真假，应及时亲自拨打运营商客服电话进行确认。

二维码在当下用得非常普遍且便捷，人人都可以通过扫二维码添加好友、浏览网页、领取优惠券和下载手机应用等。但是，二维码的背后也可能隐藏着难以辨识的病毒程序。因此，路边送小礼物的二维码不要轻易扫，正规渠道外的任何二维码都要谨慎核对其来源是否真实可靠。

有时候，不能怪我们太笨，而是骗子造假"太真"。在如今这个信息爆炸的时代，用网络做到以假乱真并不是什么难事，但我们一定要记住的是，必须重新拿回主动权。**别在电话、短信、网站里犹豫不决了，直接一一找到对应的官方号码，亲自回拨过去核实，这就是我们能做到的对自己最大的保护。**

其次，一旦发觉对方是诈骗电话后要及时举报，防止更多人上套。

如果接到疑似诈骗电话，记得去"12321"试着举报备案。上网搜索"12321"，或者输入网址www.12321.cn进入网络不良与垃圾信息举报受理中心，按照实际情况填写相关信息即可。除此之外，安卓手机可以装类似"安全卫士"这样的软件来拦截骚扰电话，标记并举报诈骗电话。苹果手机用户的话，可以用系统自带的设置来拉黑涉嫌诈骗的号码。

公安部出台的"国家反诈中心"是一款有效预防诈骗、快速举报诈骗的软件，收集了各种防骗信息和新闻，不仅会替你拦截可疑的电话和短信，还会分享许多提升个人防骗技巧和意识的新闻案例。

追根溯源，电信诈骗始于个人信息泄露。骗子从黑客那里成批地购买公民信息，然后拨打电话，设下骗局。受时代环境影响，个人信息泄露几乎无法避免，我们能努力做的，也就是谨防上当。

后记

2021年，中国信息通信研究院发布了一组关于电信诈骗受骗用户年龄层的数据。和我们想象中不太一样的是，被骗最多的不是中老年人，而是"90后"，比例达到63.7%。作为互联网的原住民，我们看过许多有警示作用的反诈新闻，对手机的使用轻车熟路。但正是这种熟悉带来了自信，让我们放松警惕，认为自己绝不会上当，进而让不法分子有了可乘之机。不过，如果你真的受骗了，千万不要过度自责，认为自己蠢。骗子有大把时间进行广撒网和电话轰炸，也懂得如何操纵人的恐惧，利用人的贪念。你可以做的，是唤醒理智，辨别骗术，及时止损。

有多少家庭的私生活，正在"被直播"

· 隐私安全 ·

　　关于偷拍，我们平时会从新闻中了解到一些：酒店的天花板、出租屋里的花洒、公共厕所的门上……这些私密的场所都有可能成为偷拍狂的作案地点。不过这些偷拍地点，大部分是公共场所，偷拍狂确实有机会布置摄像头。然而令人不安的是，在大家最放松的家中，自己购买安装摄像头，竟然也可能被用于偷拍。我们的日常生活，竟然成了别人偷看到半夜的"真人秀直播"！

一、有多少家庭，正在"被直播"

　　有一则新闻曾让很多人毛骨悚然。新闻视频画面显示，在某户人家的客厅，女主人瘫坐在沙发上玩手机，男主人赤裸着上身敷面膜，小孩则在一旁玩耍。画面中没有供人猎奇的性爱场景，只是一家人的普通生活。可这一家三口做梦也想不到，自己正在被人偷窥。他们的日常生活视频，被打包在不法分子组建的QQ群里售卖。一个视频，可以卖20至50元，至少有几百人买过……

我们不禁要问：这种"清汤寡水"的生活片段，有谁会买呢？贩卖视频的人告诉记者，好多人就喜欢看这种"原生态"的视频，即使什么刺激的画面都没有，但仅仅"窥私"这一点就已经能让他们十分满足了。组建QQ群的群主热情地介绍说，他手里还有20多个家庭的监控录像可以随时查看。随便打开一个，就是一位女性正坐在沙发上给自己按摩。再打开一个，一对夫妻裸露着半边身体正在睡觉⋯⋯

这些偷窥者在先进的技术支持下不断"创新"，不仅可以定点偷窥，还能根据你的行动轨迹转动摄像头的方向，真正做到了360°无死角地监控。从演示的视频里，我们可以看到一位年轻女孩穿着短裤和背心正在打扫卫生。就是这样简单的生活场景，对偷窥者而言却非常有吸引力。他们操控着摄像头，跟着女孩的动作转动、推进，毫无限制，就像是在拍电影的特写画面。

在相关网站上，还有全国各地成千上万个家庭的日常生活被偷拍。2017年，郑州陈先生的朋友发给了他一个链接。他随手点进网站一看，差点情绪崩溃。原来，他家的客厅、书房、卧室正在被现场直播。还有一位武汉妈妈，她为了哺乳方便，在家里赤裸着上半身给孩子喂奶。本是延续生命的画面，却成为偷窥者猎奇的消遣。偷窥者暗地里观看，不断地偷窃他人的隐私和尊严，对方的不知情就好像让他们获得了变身"上帝"的成就感一样。

就这样，我们的生活成了这些不法分子随意观赏、点评的"真人秀"。

二、偷窥家庭生活，非常容易

想要获得这样的视频很难吗？说实话，并不难。

这些偷拍他人日常生活的视频非常便宜，10个家庭的偷拍视频，打包买只要70元，平均下来一个家庭的视频只要7元。对这种违法交易，贩卖者最看重的是利润，而定价已然如此低廉，看来成本更是不值一提的。所以这种偷拍并不需要什么高精尖的技术，只要家庭安装了监控摄像头，偷拍者要做的就仅仅是攻入系统，成为摄像头的操控者。不法分子一般会通过定位某城市或某个IP段的方式，利用自动程序，批量扫描成百上千个摄像头，测试是否能打开。接下来，他们要做的就只是简单的密码破解。他们会使用诸如"扫台软件"之类的工具，安装后就可以扫描、破解摄像头的弱口令，即那些容易被猜到的密码。

很多人家中的摄像头密码都是原始密码，没有修改，有的改了也是非常简单的，比如123456或者000000，这样的话很快就会被破解。一个偷拍软件的卖家曾为记者亲自演示上述过程，他只用了不到半个小时，就破解了吉林省3000多个家庭摄像头的ID、用户名和密码。偷拍者破解一个摄像头，就可以将它提供给无数买视频的人，一本万利。某些商家深谙人性欲望，剑走偏锋，发明了新型的生意模型——"授人以鱼不如授人以渔"，让你偷看不如教你偷看。"送摄像头破解软件，自己扫码破解，附带教程，操作简单。"不管你是从卖家手里买摄像头账号，还是买"私人订制"的破解软件，只要你在播放软件上输入摄像头的ID、用户名和密码，就可以直接入侵，成为摄像头的操控者。偷拍软件的卖家说："你把ID输入进去，看现场直播，说句心里话，比看一段一段的好多了。好多人在家无聊，看直播一看看半夜，非常有意思。"窝在安全的卧室里，偷窥别人家中的秘密，以为自己拥有了特权，实际上却是最龌龊的行为。

大家可能会以为，偷窥他人日常生活只是少数人的癖好，但其实相关的违法产业早已在你看不到的地方蔓延开来。在QQ群搜索界面，输入"破解""监控"，随便一搜，就能找到无数个相关的群。这些群的成员数量多则四五百，少的也有一两百人，他们还有总群、分群，整体规模非常庞大。

我曾申请加入了其中一个群，主要是想核实破解摄像头的方法是否能轻易买到。结果发现只要能加上群主私聊，他就会把破解的方式和费用发过来，和新闻揭露的一模一样。想买到就能买到，非常顺利，中间没有任何阻碍。只要有相关软件和账号，转手就可以卖给别人，不仅能赚钱回本，还能发展自己的下线，组建自己的贩卖群，就像传销组织一样，一个拉一个入伙。这种贩卖偷拍视频的生意，就这样一传十、十传百地泛滥起来。

2019年，浙江温州发生了一起非法控制家用摄像头的案件。犯罪嫌疑人周某说，最开始他是因为好奇心，才进了一个贩卖偷窥视频和账号的QQ群。后来越看越沉迷，越买越多，开始用手里的资源和群里的"老司机"免费交换。直到他手中的资源越来越多，他灵光一现，索性建立了自己的QQ群，专门卖自己手里的资源，从群成员升级为群主。警察根据周某的供述，顺藤摸瓜，在全国20余地抓获了30多个犯罪嫌疑人。他们破解的监控摄像头账号有几十万个，涉案金额10多万元。

中国裁判文书网站上也有一个案例。2018年，陕西的巫某开发了"蓝眼睛""上帝之眼"等App，进行跨国犯罪。他破解了中国、日本、韩国、美国、比利时等多个国家十几万个家庭的家用摄像头，甚至给软件创作了宣传标语，号称"足不出户看世界"。通过这些软件，巫某发展了1万多名注册用户，获利80多万元，还为自己买了一辆奔驰。虽然最后他被判处了5年有期徒刑，追回所有非法所得，处罚金10万元；但对十几万受害者来说，这样的惩罚远不足以弥补他们受到的伤害。

三、偷窥者是什么心理?

偷窥,就是在未经对方同意的情况下,悄悄窥视他人隐私,以寻求刺激、满足快感。激发人偷窥欲望的,大多是既日常又私密的事——比如上厕所、性生活、脱衣服等。

就偷窥内容而言,男女之间有着微妙的差别。壹心理网做过一项调查,发现男性更偏爱偷窥肉体,女性则更好奇情感方面的隐私。有偷窥欲的人并非变态,这是一种心理本能——人人都有窥视他人隐私的欲望。从心理学上说,每个人都会有偷窥别人的心理,这叫作自体延伸。自己做不到的事情,感觉只要知道了过程,就算是参与其中。我们普通人喜欢看电视、电影、真人秀以及追星等,其实也是这种自体延伸的满足。

大部分人都能把欲望控制在合理范围内,真正要提防的,是在卫生间、浴室、宾馆等场所潜藏的窥阴癖者。

所谓窥阴癖者,就是想方设法窥视女性隐私部位,以满足自己性欲的人。大部分窥阴癖者偷窥的同时,还伴随着手淫。

一个疑似窥阴癖者的男性在网上自述,说自己平时工作努力,为人热情,人缘也不差,一次意外的表白失败后,整个人就堕落了。一次偶然的机会,他发现在厕所可以偷看女生的私处,从此便一发不可收拾。"我也不想这样下去,每次这么做完都觉得自己是人渣。可已经身不由己了,好像吸毒上瘾啊……"他甚至会幻想,如果当时那个女孩没有拒绝自己,事情是不是就不会像现在这样。

到底是什么原因让人变成窥阴癖者呢？综合相关文献和心理咨询师的建议，我整理出了这么几个影响因素：

（一）小时候看了不该看的

比如偶然看到了自己父母的性生活画面，或者被兄长带着看了一部成人电影。在年纪尚小时，这些刺激可能给孩子幼小的心灵留下了深深的创伤。

（二）窥阴加手淫获得的快感

偶然发现边窥阴边手淫是件特舒服的事，接着通过重复这种行为加强认知后就难戒掉了。

（三）色情文化影响

色情片或色情漫画中有偷窥的桥段，而模仿是人的天性，看了相关画面后进行尝试就会提高人的阈值，不断拉人坠入更深的深渊。

（四）性压抑

部分患者由于现实生活中没有可以正常释放性欲的途径，就用窥阴的方法满足自己的需求。

（五）寻求某种安全感

一般说来，偷窥者处于主动、安全的位置上，而被偷窥者则处于被动、不安全的位置上。按照马斯洛需求层次理论，人在基本的生理需求得到满足后就会追求安全感。缺乏安全感的人会不顾一切地想得到它，而窥视他人恰恰满足了偷窥者的这一需求。

与此同时，并非每个偷窥者都患有窥阴癖，判定一个人是否有窥阴癖有严格的标准。《中国精神疾病分类方案与诊断标准》（CCMD-2-R）中有关窥阴癖的确诊需要满足以下几个条件：

1. 符合性变态的诊断标准；

2. 在半年以上的时间内，反复出现暗中窥视陌生异性裸体或与性有关的活动的企图，它受一种强烈的性欲望和性兴奋的联想所驱使；

3. 曾经付诸行动。

一旦被诊断为患有窥阴癖，建议接受相关机构的治疗，毕竟事情已经从道德层面发展到病理层面了。但在被偷窥者的角度而言，无论对方偷窥出于何种原因，这个行为都对自己造成了一定的精神伤害。

四、如何保护我们在家的隐私

面对层出不穷的偷窥案件，有没有什么办法能让我们避免成为被偷窥的对象？答案是有的。大家要知道，很多偷窥案件的发生，都是因为黑客破解了我们安装在家里的摄像头的密码。因此，保护账号密码，防止黑客是最关键的。想在家里安装摄像头，或已经安装了的朋友，一定要记住下面几点：

1. 买正规品牌的摄像头，质量安全有保障，售后出现问题也方便处理。

2. 摄像头不要安装在卧室、厕所等私密场所。

3. 人在家里的时候，可以拿东西把摄像头挡住，或者关闭摄像头。

4. 安装家用摄像头一定要设置复杂的密码，不要使用原始密码或者纯数字密码。

5. 注意摄像头的位置，如果有非人为操作的转动，就要立刻断网断电，打电话给售后客服，排除安全隐患。

如果住酒店，或者租住民宿，一定要首先检查有没有针孔摄像头。一旦发现出售破解监控软件和偷拍视频的渠道，我们每个人都有义务及时举报。举报流程并不复杂，只要打开网络违法犯罪举报网站，选择"我要举报"，然后按照流程上传证据就可以了。

后记

　　我希望大家能意识到，家庭摄像头被破解虽然很可怕，但并不是一件无解的事情，只要我们了解相关的套路，就能在使用的时候注意安全，消除隐患，保护好我们的隐私。然而，就在我们努力砌好安全墙的时候，却总有一些自私的人在拆砖挖洞，把践踏别人的尊严当作乐趣，把无限制的欲望满足当作理所当然的事。他们以为掌握了"神之眼"，其实早就触碰了法律的底线。审判他们，是法律的事情，我们要做的，就是送他们去见警察！

第二章

远离职场陷阱

即便是误入陷阱替人打工，也不代表我们要放弃自尊，对不法企业唯命是从。一切违法乱纪、出卖尊严甚至身体的行为，我们都有权利说"不"，要勇于拿起法律武器维护自己的合法权益。

警惕招聘陷阱，怎样找工作才不被骗？

人在失业后在找工作时，总会受到来自各方面的压力影响。求职时间超过预期，存款余额日趋减少，期待的职位和自己能力不匹配等因素，都可能让求职者感到焦虑从而"病急乱投医"，匆匆入职一家不清楚底细的公司。对刚毕业的学生来说，这种心态出现的概率更高。而且，学生社会经验不多，普遍缺乏识别骗局的基础判断力，比其他群体更容易踏入黑心企业精心布置的"招聘陷阱"。

一位叫小慧的女孩向我分享了她掉进陷阱后"一步错，步步错"的工作经历。2018年时，小慧在吉林省长春市某高校读大四，22岁，在考研结束等成绩期间，她找了份电视购物广告公司的工作。然而令人没想到的是，在那家公司干了两个多月，钱没赚到，她却被判处了3年有期徒刑。

一、勤恳本分工作，怎么就卷进了诈骗案件？

小慧任职的公司，主营业务是电视广告购物，方式就是在地方电视台播洗脑式的购物广告，让观众通过"400免费订购电

女孩安全指南

话"购买保健品。这家公司的总部在北京，小慧工作的地方只是长春分部。警方通过查证快递回款单，最终确定这家公司诈骗的涉案金额高达1200万元，从老板到员工，包括小慧在内，上上下下100多号人基本都被判了刑。被欺骗的顾客中，有年轻人，也有老年人。年轻人为减肥药一掷千金，有人回购了十几次，前后花了好几万，老年人被销售员的感情牌哄得把养老积蓄全赔了进去。

小慧回想，当时考研初试刚结束，便想在复试之前找个工作。为了找个正规的工作，她还是特地去当地人才市场找的工作。面试时，这家公司的老板称公司是广告公司，招文职岗，工作强度不高。公司离小慧的住处近，还有月薪2500元的待遇，这对一个学生来说，确实是份很不错的工作。文职岗的要求也不高，本科以上学历，会用电脑软件就行。聘用流程很简单，小慧上午面试完，第二天试了一天岗，就被录用了。

入职后，小慧每天的工作就是把销售填的客户信息单整理成一个文档，在17点30分前发给快递公司。有时她还可以远程工作，一天的任务量两三百个，做完她还能兼职做家教。录入信息时，因为要货到付款，买家的身份信息特别详细，除了基本信息，还有身份证号码等敏感信息。

小慧工作时怀疑过，这些信息这么详细，真的没事吗？不过尽管脑海里闪过了"这公司到底靠不靠谱"的念头，但她更多时候还是放任自己进入机械工作的麻木状态。因为平时跟销售沟通不多，小慧没有意识到手中的信息背后是一个个泥足深陷、被骗得血本无归的可怜人。

小慧虽心有怀疑，但终究被侥幸心理淹没。她想着中途换工作实在麻烦，再干一两个月就回去准备考研的复试。没想到，牢狱之灾比辞职来得快。

二、侥幸心理，把她送进了派出所

出事那天是2018年3月24日，是个周五，小慧记得清清楚楚。

中午1点多的时候，公司大厅突然非常吵闹。小慧打开电脑准备工作时，办公室门突然被打开，五六个警察拥了进来，大家都呆住了。一个警察掏出纸笔，让小慧和其他同事写下手机和电脑的密码，然后用束缚绳捆住了他们的手。接着，警察让小慧和同事捧着电脑主机出去，全公司一百多号人都被带出大楼。很快，他们就被分成13个小组带往不同的派出所。

一夜之后，公司的销售基本都交代了，对小慧这些文职岗的员工的审讯则很简单。小慧一直跟民警辩解："我只是一个打工的，我只整理订单发给快递员，他们骗人跟我没有关系。"这是小慧当时的真实想法，她觉得很委屈。

警察反问："你们跟销售一层楼，就隔一个玻璃门，你听不到他们说话吗？他们去你们屋打印资料，你能一点都不晓得？"小慧无言以对，她当然能听到销售说话，但她也真的没用心去了解销售同事的具体工作。

虽然文职岗平时在公司没什么存在感，但法律认定这个岗位的工作是电信诈骗链条中的重要一环。小慧不知道自己的所作所为已经被法律认定为"知道或应当知道犯罪行为"，也就是说警方推定她应当或有条件知道犯罪行为的存在，而法律不会因为她不懂法或者幼稚就网开一面。

在审讯快结束的时候，小慧被收走的手机响了。民警看了一眼来电备注，破例让她接妈妈的电话。电话里传出小慧妈妈焦急的声音，混着电流杂音显得格外沙哑。在派出所待了一天一夜，小慧头昏脑涨，妈妈的电话一下击中了她脆弱的一面。她情绪瞬间崩溃，眼泪止不住地往外流。

民警见状接过电话，告诉小慧妈妈情况。后来小慧才知道爸妈立刻买了飞机票，从新疆经北京中转来到长春，前后搭了7个小时飞机。

三、难以回到正轨的未来

接着，小慧被送进了看守所。看守所的管教和小慧同岁，那种感觉很奇怪，管教很少遇到有同龄人进来，小慧也没想到会被同龄人看管。

管教说，她在警校的时候，以为进来的要么是穷凶极恶的坏蛋，要么是想进来混口饭吃的社会闲散人员。小慧跟管教说，她从没想过会在这里跟很多比自己父母岁数还大的人这样接触。

在看守所的那段日子里，小慧见过律师三次，每次见完都缓不过来。律师给她带来了爸妈的信，一字一句地读给她听，她听着听着就痛哭起来。小慧觉得很愧疚，特别对不起他们。

4月28号，小慧被保释出看守所。妈妈搂着她心疼地说："妈妈来了，不要担心、害怕了！"小慧再一次没能止住眼泪。

在被保释到判决的漫长等待里，小慧胡思乱想了很多，常常钻牛角尖："我怎么就犯罪了？怎么就成了我的不对？别人会怎么看待我？以后要怎么生活和工作？取保候审期间我不能离开本市，我能干什么？"

2019年1月开庭，小慧的判决结果是有期徒刑3年，缓期3年。法官对小慧说："以后找工作要仔细看看，这已经是争取到的最好的结果了，回家好好去社区报到。"

2月24日判决正式生效，到3月9日，小慧每天都得到社区矫正中心报到，写思想汇报、搞卫生，直到通过心理测试，才能改成不定时报到。

刚到矫正中心的时候，工作人员看到小慧的档案就会嘲笑她："你看你才多大啊，怎么就被判3年了？快给我讲讲你的案情，我说你这丫头可真了不得！""可真了不得！"这句话通常会加重，还有长长的尾音，搅得小慧心烦意乱。

小慧有一个闺蜜，是大学4年的室友兼同班同学。4年里，她们每天一起上下课、吃饭、聊八卦。小慧保释后，她给小慧发消息说："我不能和思想道德有问题的人做闺蜜了。"

小慧的大姨，也当着小慧妈妈的面大声说："你看看你丫头，平时你不是觉得你丫头很厉害、很光荣吗，她怎么成了罪犯？"

小慧感觉晴天霹雳，原来因为法盲犯错，她就成了亲朋好友眼中"思想道德有问题的人"。以前，小慧要是听到一个人被判3年也会想："天哪，他干什么坏事了，能判这么长时间？"但现在她会想："这个人是不是像我一样？是不是也有不得已的苦衷？"

四、没有过不去的坎，但不想有后来者

小慧把自己的经历说出来，是想提醒大家找工作一定要小心。不要因为缺少对法律和社会黑暗面的了解，就让自己卷入不必要的麻烦中。

从小慧的故事中，我们也可以学到一些辨别招聘陷阱，及时止损的方法。

（一）提前查询公司相关信息
在天眼查、企查查等网站输入公司名，能够查询到公司的

相关信息，包括成立时间、工作地点、企业背景、司法和经营风险、社保参保人数等，通过这些信息筛除掉一些有风险的公司。比如，如果公司成立时间短，面试地点和网站上提供的地点不一致，就需要提高警惕，以防卷入危及人身安全或财产损失的意外事件中。司法和经营风险的历史记录也会体现公司遵纪守法的程度，从而让你能够判断入职该公司是否靠谱。你还可以在社交网站搜一下公司的口碑，看看它有没有什么涉及非法经营的痕迹。

（二）了解清楚公司的营业内容

公司的营业内容和收入主体，是需要关注的重点。就比如小慧入职的这家公司，为了避风头，它还会卖保健品之外的杂七杂八的东西，比如酸奶机、手表、羊绒裤、早餐米糊等。但它的主营业务还是在所谓药品和保健品上，比如熊胆粉、养心方、草原心脑方、羊奶粉等听起来高端，在药房里却根本找不着的东西。经过鉴定，这些东西不能说是假药，但都是对疾病治疗毫无帮助的保健品，功效都是吹出来的。一个很简单的避雷办法：凡是只有空泛的广告词的产品，都不要相信。所谓"包治百病""七天包瘦"，不过是包装话术。在描述上夸大药品疗效，将廉价药品以高于成本价数倍以上的价格销售的行为，在法律上是被认定为诈骗的。这种公司资质门槛一般不高，最喜欢招聘涉世未深的年轻人。

（三）工作细节要多加留心

如果你应聘的是核心部门，一定要留意岗前培训有没有不对劲的地方以及工作内容是不是都合法合规。比如，小慧公司销售岗位的培训内容就是教导如何吹嘘药效，并且内部禁止交流，售前和售后不能有工作上的接触，客户都得由经理统一安排。如果你应聘的是辅助性的岗位，也不能对公司经营内容不闻不问。不要觉得自己只是文职岗，做做表格，录入信息，跟一堆无意义的数字打交道就完了，要多问多了解，这样既能帮你快速融入公司，也能在发现隐患的时候警惕起来。

不管是什么岗位，一旦发现公司有不对劲的地方，一定要马上辞职，不要有任何侥幸心理。

后记

不少刚刚步入社会的大学生很着急——着急找到一份好工作过上好生活，着急给爸妈减轻负担，着急发挥自己的价值。这种心态很常见，我也完全能够理解。但人有时越着急，越容易因为疏忽而掉入陷阱。我们与恶的距离没有想象中那么远，无知和幼稚都可能成为帮凶。

事实上，招聘陷阱虽然可怕，却并不是无迹可寻。多一分细心，多一分警惕，就能最大程度地避免成为黑心公司的猎物和棋子。

警惕新型赚钱骗局

·刷单·

在各大社交网站上，刷单骗局屡见不鲜。各类网络刷单均以"零投入、高回报、日清日结"作为宣传噱头，其共同特征是"做任务赚佣金"，准入门槛低，营造出一种"谁都可以"的错觉。

此类骗局盯上的，是那些想在闲暇时间做兼职的群体，比如大学生、孕妇、家庭主妇等。女大学生小微打算赚点生活费，被骗上千元后意识到不对劲，但骗子已经跑路；苏州姑娘小玉想要补贴家用，没想到掉进陷阱后反被骗走120万元；重庆的张女士被骗得倾家荡产，辛苦买的房子都被骗走了……

如何识别刷单骗局，俨然已成为我们当下的必备技能。小微和我分享了她的故事，希望能帮助更多人了解、识别，并远离骗局。

一、深谙各种骗术的我，还是中了骗子的圈套

作为一个大学生，小微多少知道社会上形形色色的骗局，但还是在不知不觉中被骗走了一个月的生活费。

小微家境一般，平时总会想办法利用课余时间多挣点生活费，但那几年时好时坏的疫情断了她出门做兼职的念头。直到有一天，大学生兼职群里的一条广告让她看到了希望。

广告上写着：做串珠、十字绣、组装笔、贴牌等手工活，日薪至少100元，手工材料包来回快递，不会再收取任何费用。

小微曾见过二婶做串珠和十字绣挣零花钱，但二婶每次都要亲自去实体店里拿货，很麻烦。这个兼职能送货到家，方便极了。于是，小微便想先试试，如果靠谱，还能把这份兼职介绍给家里人。

小微主动加了骗子的微信，一场骗术就这样围绕她展开了。

骗子得手的第一步，是让她去下载一个名为"掌嗨"的App。掌嗨作用和微信类似，都是交流平台。骗子向小微解释，公司要在掌嗨上统计大家的信息，才能把手工材料发给大家。

接着，小微被拉进了掌嗨上的一个群聊里，但群里的成员不能添加其他人为好友，也不能随意发言。小微只能按照骗子的要求一步步操作。就当小微以为三四天就能开始做兼职赚钱的时候，对方却告诉她："手工材料要7—10天才能发货。"

"发货时间能快一点吗？"小微显得有些着急。她不知道，自己着急的心态，正中了骗子的下怀。骗子立马向她抛出了真正的鱼饵。对方装作很理解她的样子，告诉她："我们这边还有别的项目可以做，在手工材料送到之前就能做。"骗子进一步解释，除了做手工，还能抢单挣佣金。于是，骗子又把小微拉进了另一个群聊中。这项任务非常简单：只要在手机上动动手指，就能在一分钟内挣到钱。然而和做手工不同的是，抢单挣佣金需要自己先垫付500元本金。

一听说要自己先付500元，小微有些动摇。就在她迟疑的时候，群里的其他人都在争先恐后地晒自己抢单获得的收益：每成功抢一单，至少能获得4元收益。一天下来，至少能挣几百元。

小微看着群里其他人的讨论，心想：这么多人都在靠这个挣钱，我干吗不试一试？于是，接下来的操作，让小微彻底成为骗子的猎物。骗子趁热打铁，在小微不够理智的时候，第一时间发来一个链接，让她安装一个可以抢单的App。

App名叫"易淘优品"，注册完个人信息，首页就弹出淘宝、京东和唯品会的抢单链接。有这三个平台"联合"，小微稍微放心一些，照着对方的教程，放心地往里面充值了500元本金。

然而，对方又说："依照平台规则，必须抢满10单，才能一次性将所有本金和佣金取回。"果然，不到半小时，小微就完成了10单交易，本金从500元变成了552元。见赚钱变得如此容易，小微觉得很开心，以为自己发现了宝藏兼职。

就在小微打起精神准备全力冲击更大额的佣金时，一件意想不到的事发生了。这次弹出来的商品订单，是价值高达1099元的电子产品，这笔订单让小微的账户余额成了负数。小微心里有点着急，立刻在群里问怎么回事。骗子回复说："订单越贵，佣金越多。能抢到这种订单，是你运气好。"听对方这样说，小微打消了心里的疑虑。她赶紧又充值了600元，可让她万万没想到的是，第三单商品的价格竟然高达2199元。如果想要获得这一单的佣金，便意味着小微要继续往里面充值更多钱……

到这时，小微察觉到事情不对劲，立马找到易淘优品的客服，要求他们退还自己的本金。然而，客服却以自己要下班为由，下线了。

这下，小微终于明白自己被骗了。这些拉她进群的人，在群里晒单的人，以及易淘优品上的所谓客服，全是在打配合的骗子。着急挣钱的心理，是小微被骗钱的原因。

二、我只是想试一试，120万元没了

作为旁观者的你，看到这场骗局有什么感受？我猜很多人都会觉得受害者傻，会认为这分明就是一场漏洞百出的骗局。然而当局者迷，陷入这种骗局里的人不仅多，受骗金额更是远远超出我们的想象。

来自苏州的小玉看到刷单挣钱的广告后，便加了骗子好

友，而她的受骗过程和小微丝毫不差。进群后，她被群里"热火朝天抢单挣钱"的气氛蒙蔽，以为群里的人都在挣钱，便决定自己也试试。可这试一试竟让她付出了120万元的代价。原本她做这个只是为了补贴家用，最后却几乎把整个家底都赔了出去。

同样被骗术害惨的，还有重庆的张女士。找到媒体的时候，她的声音都哭哑了。她告诉记者："当初为了投这个钱，我把房子都卖了。现在银行天天催我还贷，说是要起诉我。"她不知道自己接下来该怎么办。

其实不少受害者钻进刷单的圈套前，也有过怀疑和犹豫，但"什么都不用干就能轻松赚大钱"的贪念，让他们抱着侥幸心理，在骗局中越陷越深。晓晓正是如此，她的工作是仓库理货员，每天朝八晚十，周末时不时还要加班，挣的是辛苦钱。她丈夫是货车司机，虽然收入高一些，但还要还车贷，家庭经济压力很大。经人介绍，晓晓知道了一款"仅靠充值就能拿奖励金"的App，她心里乐开了花，感觉自己改变命运的机会来了。

骗子告诉她，有人在这个App上充值了10多万，运气好的时候一天就能挣几万。晓晓心想：自己学历一般，能做的岗位既累钱又少，靠这个App一天就能挣到辛苦几个月的工资，天底下还有比这更幸运的事吗？不过一开始她和丈夫也纠结过，毕竟这种好事怎么就能轮到自己，轮不到别人呢？第一次充值，晓晓真的收到了"奖励金"。于是，夫妻二人一边感激这款App，一边战战兢兢地往里面充钱。最后，这个App把晓晓和丈夫辛苦多年攒下来的10多万元骗得一分不剩。

除了画饼外，骗子还擅长用"赚不到钱都是因为你不努力"来搪塞受害者。南京的黄女士和丈夫刚做刷单兼职时，只支出了几百元。他们拿到的单子少，每天只能赚几元，相比之下，群里的"大佬"一天能刷一百多单，挣几千元。为了抢单，黄女士和丈夫一共投了2万元进去。就在他们越来越享受这种"躺在家就能赚钱"的快感时，他们渐渐发现，钱只要进了App，就只能有去无回。夫妻二人抱着能追回钱的希望，进了两个有相同遭遇的受害者的维权群。但越听受害者的倾诉，他们越觉得把钱追回来的希望很渺茫。两个群的受害者，有接近300人。大家讨论最多的话题，不是如何把钱追回来，而是"我好后悔"。

除了各个维权群里的受害者，网上还有很多被骗钱后陷入抑郁的受害者。某社交平台上，有人被骗30万元，后悔到自杀。尽管最后他被家人救了回来，但被骗走的30万元却怎么也追不回来了。

通过上述案例我们可以发现，刷单诈骗手法层出不穷，但核心套路是一致的：打着快速赚钱的幌子，诱导受害者下载诈骗App进行充值、转账等。

三、反骗术必备知识

害了无数人的刷单骗术，早已被法院和警察定了性：这是一种换汤不换药的庞氏骗局。骗子们将受害者的钱用作对下一个人的诱饵，接着欺骗更多不知情的人往诈骗App里充钱。刷单骗术主打的就是快速收割，骗子通常在一周左右就会骗光受害者投入的所有积蓄，受害者还没反应过来，骗子就已经带着钱消失了。

那么，对于类似的骗术，我们究竟应该怎样辨别呢？

1.需要自己垫付本金的兼职，百分百是骗局。

正规的兼职，是用人单位向我们支付劳动报酬。当对方要求我们自己先垫钱时，其唯一目的就是想骗走你垫付的钱。

2.询问信用卡额度、银行卡余额的工作，是骗局。

你回答的数额，就是骗子计划要收割的数额。正经公司只会让你提供打款的银行卡账号，而不会想着从你的信用卡、银行卡中套现。

3.与"刷单""抢单""佣金"等关键词挂钩的工作，大部分是骗局。

这些骗局的共同特点是，骗子会声称在家躺着就能日进斗金。一定不要相信有从天上掉馅饼的"好事"，在它后面等着你的是一张捕猎你的网。

4.谨慎接受陌生好友邀请你进企业微信群、QQ群。

平时我们即使是办公，也很少使用QQ群与企业微信群，一是不符合工作习惯，二是此类群管理员权力较大，对我们不利。

5. 手机应用商店搜索不到或是要点击可疑链接下载的App，一般情况下要么违法，要么无法通过官方应用商城的认证。对于这些App，我们要谨慎点开，千万不要贸然下载。

6. 有需要我们绑定银行卡甚至提供取款密码的操作，也一定是骗局。

还是那句话，任何和钱挂钩的操作，都要小心。

7. 最后，受骗后要在第一时间报警与诉讼。

根据法律规定，诈骗金额在3000元以上，公安机关会马上立案侦查，诈骗金额没有达到3000元怎么办呢？那就只能去找法院诉讼了。

无论是报警，还是诉讼，都需要对方的真实信息，但骗子不可能用真实信息来作案，被骗后维权的希望很渺茫。换句话说，大家一定要远离什么都不用干就能轻松挣钱的所谓工作机会，不然最后吃亏的是自己。除去极少部分能通过彩票一夜暴富的幸运儿，绝大部分人的收入都必定要依靠劳力或脑力去挣取。或许当你身在其中时，会误以为自己转出去的钱和花在刷单上的时间，已经算得上"付出"。但仔细想想你就会发现，和骗子所承诺的收益相比，这些付出明显是不对等的。而任何不对等的交易，背后的目的往往也并不单纯。

刷单这种骗术，通常会伪装成通往财富自由的"赚钱捷径"：先铺设低门槛的陷阱，再给一点小小的甜头，逐步卸下"猎物"的防备心，引诱受害者越陷越深。就像温水煮青蛙，不榨干你最后一点收益，骗子是不会收手的。但如果足够了解骗局的逻辑和操作过程，你就会意识到原来所谓的"赚钱捷径"，反而是距离财富自由最远的路。

后记

关于诈骗，一直以来有一个奇怪的现象：受害者被诈骗的事迹曝光后，人们很难与受害者共情，反而会嘲笑受害者"傻"。然而，"贪小便宜"不过是人性的弱点之一，更何况那些陷入骗局的人也可能有自己的苦衷。他们可能是着急用钱的年轻人，可能是从小就"抠抠搜搜"，把几元钱收益都看得很重的"姑姑、婶婶"，或是没时间出门工作的孕妇、宝妈。缺乏社会经验、长时间与社会脱钩等原因，都可能成为他们被骗的导火索。他们可能既不了解社会，也难以了解这个社会上的恶。但是，对"恶"了解得太少，不应该成为他们受害的理由，也不该成为他们重新开始的阻碍。

最后，我还想提醒大家：想发财致富并没有错，但对于天上掉下来的馅饼，一定要保持警惕。因为它很可能不是好运浇灌的摇钱树，而是骗子撒下的诱饵。"踏实工作"四个字听起来俗套，却最可靠。与其寄希望于运气，不如相信自己的双手和大脑。

黑心公司试用期一到就开人，如何拿到补偿？

每年的毕业季，跨出大学校门的学生就要忙于找工作。刚步入社会，经验尚浅，许多学生会在不经意间被黑心公司侵犯权益。比如在试用期这件事上，一般情况下，入职新公司时会有1—6个月的试用期，这几个月的时间，不仅是公司考核员工的机会，也是员工观察和适应公司环境的阶段。最终，员工能否通过试用期考核转为正式员工，属于公司和员工的双向选择。然而，有部分"黑心公司"为了能持续招到廉价劳动力，会在试用期将满时以各种非正当的理由辞退员工，且不给任何赔偿。

面对这种蛮横的行径，我们该如何维护自己的权益呢？

一、试用期被辞退，什么情况下有补偿？

"小柠檬"亲身经历了试用期被不正当辞退维权的全过程。她当时入职一家公司，人事说有两个月试用期，可就在离转正只剩几天的时候，公司却突然辞退了她。没说理由，也没有补偿。

大部分人遇到这种情况都会打退堂鼓，觉得打起官司来耗时耗力，得不偿失。但其实有一些维权的方法，并不像大家想象中的那么难。以小柠檬为例，她只花了两天时间，就拿到了补偿金。这种事半功倍的维权途径，叫作"劳动仲裁"。在申请劳动仲裁期间，你还可以去新公司面试甚至上班。

我和小柠檬聊了聊，总结出了申请"劳动仲裁"的步骤和要点，供大家参考。这一招，每个找工作的人可能都用得上。

照大部分人的理解，试用期就是公司用来测试员工工作能力的。如果员工无法胜任工作，公司当然可以辞退。这样的理解大体是没错的。试用期阶段，公司确实有权辞退无法胜任工作的员工，但前提是符合法定条件。根据《中华人民共和国劳动合同法》（以下简称《劳动合同法》）的规定，这个法定条件是要证明员工不符合录用条件。

那么，什么是录用条件？录用条件，就是公司招你进去时说得很清楚的岗位条件。你达到了这个标准，就表示你能干这个活，可以转正。

公司定的录用条件要符合以下几个要求：

1. 必须很明确，比如销售岗，员工试用期内卖出100件产品应该就能转正。

2. 在试用期开始的时候，公司必须在劳动合同中写清楚录用条件。

3. 试用期结束前，公司要做考核并给出客观的考核结果，比如出一份考卷，新员工考 80 分以上就能转正。

如果公司不讲清楚录用条件，也没有做过考核，就以"不符合录用条件"为由辞退员工，这样做是不合法的。员工可以要求补偿，或继续履行劳动合同。如果公司压根没给出任何理由，就将员工辞退，员工可以依据法律维权。但有一点要注意，遇到公司在试用期以非正当理由辞退你时，你要看清楚离职证明上有没有出现类似"员工自愿离开公司"的说明。如果没看清楚就签了字，那相关部门可能就会判定你是主动提出离职而非被辞退，这样会影响后续的维权，让你很难拿到补偿。此外，即使你达不到录用条件，公司也不能立刻辞退你。按《劳动合同法》规定，公司必须对你进行培训或换岗位再试一试，如果还是不行，才能辞退你；但这种情况你就没有补偿了。

二、如何拿到补偿？

试用期被辞退后，你可以先与用人单位商议，如果公司拒不补偿，你便可以申请劳动仲裁。按照《中华人民共和国劳动争议调解仲裁法》规定，劳动仲裁必须在60天内结案。而且仲裁过程中，你不需要支付费用。

那么，什么是劳动仲裁？劳动仲裁，是一套专门解决员工与公司之间纠纷的非诉讼程序。负责劳动仲裁的部门，是当地人力资源和社会保障局下设的劳动争议仲裁委员会（简称"人社局"和"仲裁委"）。

我们要怎么申请劳动仲裁呢？部分省市可以直接在网上申请劳动仲裁，如果选择现场办理，可以参考以下流程。

1. 去找公司所在地的仲裁委申请劳动仲裁。

这个申请就跟去银行办业务一样，去了领个号排队，轮到你了就去柜台填表，不到半小时就能填完。这时你什么材料都不用交，只需要带身份证。填申请表时，你要写清楚公司名称、申请仲裁的原因以及你的诉求。

2. 交申请表时，仲裁委工作人员会问你："想案前调解还是直接开庭？"

如果选了案前调解，你就会收到一份调解确认书。小柠檬有个同事之前也申请过劳动仲裁，当时那个同事选了案前调解，可最后没谈成。调解失败后再立案开庭，会耗费不少时间，所以小柠檬选了直接开庭。

3. 填表上交证据。

接着，仲裁委会打电话叫你去领材料，排队领完材料后你就可以离开。这些材料就是证据清单，拿回家你要填好，并准备好相应证据。证据清单包括但不限于以下几项：

· 劳动合同
· 工资条、银行对账单、工资领取签字表等

- 工卡、工服、工作证等

- 上下班的打卡记录

- 往来电子邮件、短信、微信聊天记录等

- 公司的工商登记信息

这些证据，都是为了证明你在这家公司工作过；你不用集齐所有证据，但越多越好。

4.开庭。

最后，仲裁委会通知开庭，你带着证据清单和收集好的证据出庭就行了。小柠檬运气比较好，领完证据清单，还没开庭，公司就打电话给她，要求和解。获得补偿后，小柠檬便去仲裁委撤诉了。

整个维权过程，小柠檬只跑了两趟仲裁委，用了两天时间。如果按正常程序继续走，开庭时，仲裁委会再次尝试调解。要是调解失败，仲裁委会做出裁决，给出一份裁决书。如果员工胜诉，就会让公司在限定时间内给员工付款。不论结果如何，按照规定，劳动仲裁程序的时间从受理之日起算，在45日内会处理完毕。唯一的例外是案件较为复杂的情况，结案时间会延长15日。

整个仲裁过程对员工都很有利。按《劳动合同法》规定，辞退你的证据要由公司提供，也就是说，公司得证明你没有达到录用条件。实际上，会发生纠纷的案例里，大部分公司在试用期设立录用条件时就表述得很含糊，没有很明确的书面说明，因此员工很大概率能胜诉。

如果胜诉了，公司要补偿你多少钱？按《劳动合同法》规定，一般是补偿半个月工资；如果是工作超过一个月且没签劳动合同，就要另外补偿双倍的月工资。

5. 如果过了限定时间，公司还没给补偿怎么办？

劳动仲裁胜诉后，只要公司没有去法院提起诉讼，就代表裁决生效。如果公司过了限定时间仍然没给补偿，你可以向法院申请强制执行，让公司付钱。整个过程中，如果有什么不懂的，就打12333或者当地仲裁委的电话问明白。

像小柠檬这样拿起法律维护自身权益的人，其实不多。那些试用期被无故辞退的人，他们可能误以为公司有这个权利，却不清楚这样的操作是违法的，更不知道自己还可以维权，得到应有的补偿。

曾经，我坐火车时听到邻座一位职场女性打电话。她是个资深HR，刚刚替公司无故辞退一批试用期员工，其中有个员工不服，找上门来索要补偿。这位职场女性说，这个事在法律上公司是站不住脚的，但我们不能给他补偿，因为一旦给了他，其他员工也会找上门来。如果这个员工要补偿，就让他自己去告，败诉了再给他钱。

我听了不禁感叹，原来很多公司并不会自觉保障员工的合法权益，设立试用期的初衷原本是让公司与员工相互了解，可现在却被一些无良公司拿来侵犯员工合法权益。更可恶的是，有些黑心公司专门利用试用期工资低来设"陷阱"——你快转正了，就随便找个借口辞退你，接着招新人，继续试用，一直使用廉价劳动力。

后记

　　每一个在职场打拼的人都需要对《劳动合同法》有充分了解。它不仅适用于试用期被非法辞退，还覆盖了我们从入职到离职的方方面面。遇到劳动纠纷时，它们是最坚实的后盾，可以成为我们维权的依据，从而保护我们的权益。**不要被看似烦琐的条例和维权过程吓退，大部分情况下维权并不复杂。**更何况，我们的每一次维权都是在为营造更公平、合理的职场环境出一份力。勇于维权的人越多，越能打击违法行为的气焰，也就越能促进企业提升自己的管理水平，合法经营。

酒后乱性都是蓄谋已久的

·职场性侵·

无论是职场应酬，还是社交场合，有时都免不了借酒助兴。醉酒的人，有的会意识模糊，甚至无法觉察和控制言行，导致犯下过错。按照这个逻辑，用"酒后乱性"来解释意外性行为，似乎有一些合理之处。但其实所谓"酒后乱性"，关键并非在于酒，而在于乱性。前者常常成为出轨和性骚扰的托词，后者往往才是这些人蓄谋已久的目的。

"酒后乱性"究竟有几分可信度？男人酒后到底会不会有生理反应，他们在进行性行为时有没有主观意识？面对试图以醉酒之名行骚扰之实的情况，我们又该怎么办？

一、酒真的能乱性吗？

早在1976年，科学家法卡斯和罗森就为搞清楚酒精对性反应能力的影响做了一个实验。他们发现：志愿者小酌几杯后，性反应能力的确有所提高，这时志愿者的意识也基本是清醒的。但从微醺喝到断片儿边缘，志愿者的性反应能力就开始直线下降——注意力涣散，话也越来越多。

这项实验证明，酒后男性如果还有性反应能力，就证明他们尚有清醒的意识，能够主导自己的行为；而当喝到大脑不清醒的时候，他们是没有性反应能力的。也就是说，因为喝醉后断片儿，由男方主导的"不小心"发生的性行为，是不可能存在的。

此外，关于酒和性的关系，还存在一个误区。有人觉得在发生性行为前喝一杯，有助于提升能力，增强欲望。2008年，华盛顿大学的研究人员证明了"提升能力"只是错觉。研究员找来了78个男性志愿者，请他们分别在没喝酒和喝醉酒（血液酒精浓度达到当地酒驾的标准）这两种状态后看色情片。看得差不多后，记录他们的生理反应——78个志愿者无论喝不喝酒，性器官大小和持续时长都没什么区别，而长期酗酒还会增加患性功能障碍的风险。

综合以上两个实验，可以很明显地得出结论，酒并不是"乱性"的罪魁祸首。要说酒真正的作用，可能是一瓶"人品卸妆油"：擦掉人性的伪善，呈现人渣最真实的面孔。

二、约酒，可能是预谋性侵的第一步

我的一个朋友心怡曾分享过她遇到醉酒男骚扰的故事。

当时她被一个关系不那么熟的"半熟人"约出去吃饭，其实她压根不想去，毕竟本来就不是很熟，见面都不知道说什么。但"半熟人"特别执着，反反复复询问，心怡才勉强答应。见了面之后心怡也挺紧张的，等上菜的过程中还把筷子掉落在地。

饭局上的男人看出心怡的紧张，说："咱们点瓶酒吧，别拘着，好不容易才把你约出来，放松一下。我看你朋友圈也晒过跟别人喝酒的照片，能喝酒的话，给点面子。"

听了这话，刚要说自己不能喝酒的心怡，话一下被噎了回去。男人并没有问心怡想喝什么，招手叫来服务员，直接点了一瓶威士忌。虽然酒量不差，但心怡的内心还是打起了鼓。

酒端上来以后，男人就很积极地带动节奏，不断和心怡碰杯。心怡几次表示喝不动了，男人却说："这就是不给我面子了啊。"

眼看着瓶子里的酒所剩无几，两个人都有点醉了，开始犯迷瞪。这时男人突然腾出一只手拨弄心怡的刘海，然后顺势开始摸她的脸，还轻声细语地说："这么红这么烫了，是不是很想要？"

心怡像被电了似的抽身挣脱，心中的恐惧与厌恶早就超越了要面子，她随即抓起手提包，站起来说："时候不早了，我得回去。"

男人赶紧说："别别别，你这样也不安全，我送你回去呀。"

心怡甩下一句"不必"，头也不回地走了出去。她边走边叫了个网约车，还给最好的闺蜜打了电话，大概说了一下情况和自己的位置。"待会儿我要是没声了，你可得来救我啊。"好在心怡酒量不错，坐上车后也没出什么岔子，顺利回了家。

说完这段经历，心怡一开始还谈笑风生地表示幸亏自己酒量好，但下一秒表情就黯淡下来。"转身走时，我已经脑补出了一个可怕的后果：男的缠着不让我走，还声称我是他女朋友，然后把我弄到酒店那啥了……"

听完，我都后怕。但凡她再多喝几杯，或者一直没好意思拒绝，大概就是另一种结局了。到那时，恐怕男方又会以"酒后乱性"作为自己行为的遮羞布。

奇怪的是，说到"酒后乱性"，也不知从什么时候开始，好多人就误把这个"性"解读为性欲的"性"。事实上它出自《杨家将传·说呼全传》："酒能乱性，色是败真。财乃致命，气动杀身。"原本的意思是，喝多了酒会迷乱性情，做出不合常规的事。也就是说，"酒能乱性"的"性"是性情的"性"。所以，别拿"酒能乱性"当耍流氓的挡箭牌了。

三、酒场如战场，战术要记牢

根据联合国人口基金会的数据：71%的性侵都是早有预谋的。通过约酒作为占女孩便宜的第一步，是不少另有所图的人惯用的手段。

如果遇到酒局邀约，该怎么办呢？这事得分两面看。如果本就两情相悦，想通过酒精来迈进一步，那无可指摘。可如果是像心怡一样，不想被人占便宜，那么可以参考以下方法脱身。

1. 已知要喝酒，且不想去。

找个合适的理由拒绝。最好用有其他具体事务要忙来表达拒绝，比如生病、和他人另有约会、工作没完成等。

2. 已知要喝酒，且不想去，但出于某种原因拒绝不了。

如果是不好拒绝的纠缠式邀约，或上司指定的应酬之类，可以在应酬前半小时喝点解酒药，或是中途偷偷兑水、把酒倒掉等，减少酒精的摄入量。这样起码能保证自己神志清醒，遇到突发情况，可以清醒地打电话叫人帮忙或伺机溜走。

3. 未知要喝酒，赴约后对方提议喝几杯。

如果对方对你不了解，可以干脆说自己酒精过敏，喝了就得医院见了；如果对方知道你能喝，也可以推托说最近身体不舒服不能喝酒，只能喝点果汁。

4. 不管为啥，反正已经喝上了。

量力而行，至少得保证自己意识清醒，有正常的行走和思考能力。**此外，务必看好自己的杯子，谨防被下药。**若是由于某些原因离开了座位，回来后可以提出换一个杯子。

5. 喝得已经微醺了。

到这种时候，要坚定地表示想回家了。如果对方意图不明，最好别让他送，免得暴露了住址招致更多麻烦。要是对方执意要送，可以打电话叫朋友或家人来接。

6. 对方已经开始动手动脚了。

想办法赶紧脱身，可以参照前面心怡所用的方法，就别顾忌什么面子和别人的感受了。如果没有成功逃脱，不幸遭遇了性侵，记得保留证据，不要洗澡，不要破坏现场布置，并第一时间报警。

后记

酒后乱性，是一个伪命题。**我们在掌握相关保护自己的技巧之前，也要对常把酒后乱性当借口挂在嘴边的人保持警惕。**那些对自己的错误行为没有清晰认知，且无法正确归因的人，在未来可能还会讲出更多相同逻辑的自欺欺人的谎言。**此外，没必要担心在社交场合不喝酒会显得不合群，应该时刻把自己的真实感受放在第一位，只有你才能对你自己负责。**

如果有人在你明确拒绝后仍执意劝酒，那他们想做的可能并不是真的让你喝酒，而是向你灌输对他们权力和地位的认可。

请所有女大学生都在网上搜一下"花场"

· 兼职骗局 ·

你听说过"花场"吗？它指的是年轻女性通过在夜场提供走台、表演、陪酒等服务，以收客人的花及礼物打赏的提成谋生的一种不正规的工作。绝大部分女孩进入花场并非出于自愿，花场在招揽新人时，会伪装成正规的工作招聘，提供类似于"模特、演员、化妆师"的岗位，吸引涉世未深的年轻女性签下合同，进入夜场。

我们有一位名叫娜娜的读者，她23岁大学毕业那年在网上找了一份化妆师助理的工作，结果却差点陷入花场。在别人的提醒和帮助下，她最终和朋友一起逃了出来。但还有许多女孩仍然留在那里，走台、表演、陪酒，靠打赏的提成谋生……

一、我找了一份化妆师的工作，却去当了演员

娜娜从来没有想过自己有一天会跟夜场扯上什么关系，更想不到自己只是找份工作都能被骗。娜娜在广东上大学，刚毕业不久，有人在某招聘软件上联系她，说他们在招聘化妆师助理，底薪6000元，加提成，包吃包住，条件是要能接受短期

出差。

作为应届毕业生，娜娜正处于找工作的紧张时刻，那段时间一直在网上投简历。见工作待遇这么好，一开始娜娜担心对方是骗子，便让对方拍了公司的照片，把以前表演的视频和公司地点发给她。接着，她在天眼查上查到了这家公司的相关信息，她甚至还实地去看了一下，最后才决定去面试。

面试只有几分钟，人事当场就告诉娜娜面试通过，她被公司录用，可以签入职协议了。入职需要交200元押金，做满一个月后退回押金。晚上娜娜跟父母通话，得到同意后，第二天她去交了押金，开始上班。公司主管告诉娜娜，虽然应聘的是化妆师助理，但不管什么岗位，都要经过一两个月的过渡期，要先做演员的工作，要出差。作为演员去出差之前，要先培训一到两周：形体仪态训练、穿高跟鞋走台步、学习舞蹈、体能训练……对没有任何工作经验和其他社会经验的娜娜来说，这些看起来都挺正常，她也就没把事情往坏处想。直到培训了一个多星期后，娜娜才偶然得知，即将要出差工作的地方其实是花场。如果不是上网搜索，娜娜甚至连花场这个名字都没听过。它是夜场的一种，年轻女孩在台上走秀、表演，陪客人喝酒聊天。客人会打赏喜欢的女孩花环，这些花环都需要花钱买，女孩每收到一个花环就能提成50%。实际上，这种工作跟夜总会陪酒小姐好像没什么区别。

娜娜把消息告诉了室友，并和其中一个女孩小枫商量对

120

策，计划第二天找老板对质，如果要出差的地方确实是花场，就一起离开。她们还把这个消息告诉了隔壁宿舍的几个女孩，希望大家不要被骗。然而，还没等商量完对策，当天晚上娜娜和小枫就被赶出去了。

二、被监视、告密、赶走，我们当中出现了叛徒

泄密的可能是同宿舍的一个女孩。那天晚上娜娜和小枫在宿舍商量对策时，有个女孩一直在床上玩手机，没有参与进来，还时不时看向她们。那个女孩刚被公司劝说去整了鼻子，花了4万元。公司借给了她一部分钱，或许正是因此，她成了老板的眼线，负责监视其他女孩的一言一行。可能是怕娜娜留下来"鼓动"其他女孩，又或者是担心娜娜胆子大，说家里有人在公安局工作，老板不想把事情闹大，只是将娜娜赶走了而已。

当天晚上12点多，娜娜和小枫才找到酒店安顿下来。想到和公司签过的合同、培训协议、个人信息以及拍摄的照片，她们不敢松懈。第二天，她们又回到公司，想拿回自己的个人资料、签过的协议，以及删掉照片，顺便整理自己的私人物品。但老板态度很强硬，拒绝把娜娜的东西还给她，还说"你想告就去告"。这时她们发现，宿舍的女孩已经全都不见了，不知道在什么时候被转移走了。此前说过话的女孩，也把她们的微

信拉黑了。

自此，和娜娜一同被赶走的小枫，受到的电话、短信骚扰就没有停过，不断有陌生男人打来电话，说一些"一晚上多少钱"之类的下流话。娜娜比较幸运，当初填写电话号码时故意写得比较潦草，他们认不出来，侥幸逃过一劫。娜娜知道，对方是想以这种方式报复和警告，让她们不要报警惹事，否则他们随时可以根据她们的身份找到她们。

娜娜咨询了律师，得知自己签署的合同和培训协议没有任何法律效力，这才放了心。因为不清楚他们后台到底有多硬，所以娜娜也不敢冒险报警，只能吃这个哑巴亏。

事情发生后，娜娜和小枫很快通知了其他几个女孩，希望她们能警惕起来，不要被骗。可惜最后她们都和娜娜失去了联系，被带去了沿海"出差"。

如果不是这次经历，娜娜可能一辈子都不会知道花场的存在，也不会接触这样的环境。网上看上去很正常的模特招聘信息，没想到背后是这样的灰色产业链。娜娜的经历绝不是个例，幸运的是，娜娜在危险来临前逃了出来。

三、我们该如何识别花场招聘陷阱

事后想来，培训的这一个多星期里，很多细节都隐隐透露出不对劲，但娜娜当时都没有细想。很多女大学生都像娜娜一样，涉世未深，平时的生活环境非常单纯，压根没有听说过这种地方，更不可能知道有这种事发生，所以很容易被骗。

结合娜娜的亲身经历，我总结了以下辨别方法，希望可以让大家对花场骗局有更清晰的认识。

（一）无论是面试过程还是签合同，他们都很不专业

花场面试过程非常敷衍，只聊了几分钟，对方就让娜娜办理入职手续，招聘基本没有门槛。其实仔细想想，这些人的套路都是一样的，无非就是打着文化娱乐的幌子，招礼仪、模特、化妆师，把人骗过去……

只要有人面试，公司都会要，面试只是个幌子而已。面试通过后，公司会极力劝说女孩签合同。签完合同后，公司才会说需要接受短期出差，接受喝酒和应酬，还要接受跟客人聊天。再过一两天，公司又会要求签署培训协议。培训协议里会说，前期出差的车票、住宿费、服装费、培训费都是公司出的，所以如果工作没有满一个月，就要付给公司5000元违约金。如果做满一个月的话，那么这份协议就自动作废。**然而，这份协议通常缺乏明确的甲方乙方，也没有法定的相关职责和义务，甚至根本不符合相关法律的规定，因此往往不具有法律效力。**

（二）公司的许多日常安排细节都指向花场，只是我没有留心

在接受培训时，娜娜被要求每天做形体训练，练习模特步和跳舞，后来还增加了一个小时游戏时间，延长培训到晚上7点。一开始大家玩的是狼人杀这种正常的游戏，后来公司就提议学玩掷骰子。培训几天后，公司说要安排一批女孩去"出差"，可一直不说去哪里，只说在沿海的地方，并让女孩们穿性感裙子拍"形象照"和小视频，从来没有把相关资料给女孩们看过。

除此之外，公司会经常开会，不断向女孩们灌输"这是正规工作"的观念。花场的工资构成是"底薪＋提成"，客人会送虚拟的代表一定金额的花环，然后女孩们就可以拿到50%的提成。公司人员流动很频繁，一直在招人，最多的时候可能有一二十个女孩同时在接受培训。公司里的所有员工用的都是假名，那些所谓"人事部"的男性，基本上算是公司的马仔，主要工作就是负责盯着女孩们不让她们闹事。

（三）让人难以置信的是，公司还会劝说女孩借钱整容

培训几天之后，公司会安排形象老师把女孩们挨个叫过去单独谈话，主要是为了劝说大家整容。这个所谓形象老师会把前台的人叫来看你的脸，或者给你看她自己整容前后的对比照，说整容之后就会变得更美，因为这份工作需要更高的颜

124

值。如果拒绝整容，她还会追问你是不是有什么顾虑，是担心技术问题还是资金问题，如果是资金问题，那么公司可以借给你钱整容。而做这一步，是为了骗女孩向公司借钱，从而让女孩被套得更牢。

后记

招聘流程不专业、实际工作内容与当初协定的有明显出入、用打压话术诱导借钱整容等细节，都是花场招聘露出的"马脚"。我们可以做的，是记住花场和模特招聘骗局这种换汤不换药的套路，这样或许就能避免陷入这样的困境。

如果你已经陷入花场骗局，却因为担心家人、朋友可能会因此对你有偏见而不敢出逃，或是误以为自己拿了公司的工资提成，就必须事事要按公司的指示去做，只能边后悔边打碎牙往肚子里吞，请切记根据自身的实际感受恢复理智。因为即便误入陷阱替人打工，也不代表我们要放弃自尊，对不法企业唯命是从。一切违法乱纪、出卖尊严甚至身体的行为，我们都有权利说"不"，要勇于拿起法律武器维护自己的合法权益。

"1040阳光工程"背后的传销组织

·传销诈骗·

提到传销，几乎所有人都听说过，也知道它是违法的骗局，但再具体一些的信息，大家可能就所知不多了。

很多人都有刻板印象，认为被传销骗的都是没文化的人，跟自己没什么关系，自己不可能被骗……但其实传销离我们并不遥远，这几年传销的套路也越来越多，除了打着"政府投资""国家工程"名义的线下传销组织，在网上披着"电商""物联网""加密货币"等外壳的传销组织也越来越多。一念之差，我们就可能踏入管理森严的组织，不仅逃离非常困难，还会损失大量财产，甚至不知不觉成为罪犯。

女大学生小茜曾经也以为传销是遥远的事，它存在于电视、书籍以及网络中，自己一辈子都不会跟传销扯上关系。然而，被青梅竹马的男友骗去了"1040阳光工程"，她才终于明白传销的恐怖之处。在那里，小茜亲身体验了从被所谓"专家"高强度洗脑，到秘密联系家人极限出逃的全过程。

"1040阳光工程"发源于广西北海，而后散布到全国各地。它采用"五级三阶制"的销售模式，打着"政府扶持"和"资本运作"的旗号，洗脑一批又一批对"1040阳光工程"毫无认知的男女老少。其中绝大部分受害者最终都会被骗光所有积蓄，负债累累，众叛亲离。

小茜把自己的经历分享出来，是希望让更多人识别、远离传销组织，叫醒不幸落入传销骗局中的人，及时止损，回头是岸。

一、被男友骗入传销组织

2019年6月，还在读大四的小茜恋爱了。男友和她是同村的，两家住得很近。他们从小一起长大，知根知底，感情很快升温并稳定下来。

8月中旬，男友告诉小茜他在广东茂名跟朋友做生意，要她帮忙去看看。小茜反复询问是什么生意，但男友却一直支支吾吾，不说清楚。没等她考虑好，男友就买好了车票。小茜没有再追问，动身去了茂名。那时，她很信任男友，毕竟彼此这么熟悉，她担心多问了会显得自己不相信对方，影响两人的感情。

到达茂名后，男友和朋友过来接小茜。小茜以为是去男友工作的地方，没多想就上了车，可车开了很久也没停下的意思。小茜看了一下手机定位，发现自己已经到广西了。小茜觉得有点不对劲，偷偷发了个定位给同学，但没具体说什么，只说是去玩。

车一路开到了广西北海，停下来的时候已经是晚上7点多，具体地址是银海区第九湾小区。一路舟车劳顿，小茜很困，便睡了，因为男友在身边，她始终没多想。第二天一切正常，男友的朋友很热心，带着她和男友到处观光，北海一日游，银滩、普度寺、公园……一切看上去都很正常。她想，或许男友就是好心为自己安排了一次旅游，全当散散心了。

到了第三天，事情开始变得有些蹊跷。这天，男友说要带小茜去"看生意"。他们见了三个人，个个手上拿着厚厚的笔记本、书，并给他们看了很多视频，鼓励小茜投资。据三人介绍，这是个国家的秘密项目，有当地政府的大力扶持，堪称"北海的现象级工程"，名叫"1040"。具体来说，就是每个人投入6.98万元，然后再拉29个人入股，就能获得1040万元巨款。看着他们高谈阔论、畅想未来，小茜其实并不反感。毕竟，这种天下掉馅饼的事，看上去确实很有诱惑力，很多人就是从这里开始入坑的。

晚上回去后，小茜仔细想了想，开始有种不好的预感，但又说不清具体为什么。小茜没和男友说出自己的困惑，只是找机会偷偷上网搜，当她刚在搜索引擎上打出"北海"两个字时，页面上的自动关联就出现了"北海1040传销"。

128

二、为了逃跑，我配合演出了几天

这是小茜第一次知道"北海1040"。根据网上的资料，这是一个2007年就开始活跃的全国性传销组织，他们甚至还有自己的官方网站。尽管警方多次联合打击，甚至将该组织十几个区域的团伙一锅端，都没有彻底根除他们。于是，这批不法传销分子一直以"这是个明面上打击，其实被国家暗中支持的资本运作项目"为宣传，忽悠受害者的亲朋好友加入。

想明白之后，小茜便开始琢磨如何脱身。虽然她没有被限制人身自由，但依然害怕打草惊蛇。小茜的哥哥在深圳，于是她悄悄发消息跟哥哥说了这事。哥哥很肯定地告诉她这就是传销，他一定会想办法过来接她。查完资料，小茜的手就老是控制不住地发抖，那一晚她几乎都没怎么睡，有种深入虎穴之感。

第三天早上，小茜尝试跟男友沟通，但没什么结果，男友固执地认为这是个发财的好机会。于是，她立即放弃和他争论，担心万一撕破脸，自己的处境可能会更糟糕。

当时正逢国庆假期，车票紧俏，小茜的哥哥没能立即赶来，她只能跟着男友再去看他们所说的"大生意"，配合表演，假装相信。对小茜来说，那是对生理和心理的双重折磨。她必须坐在最信任的人面前，听他说各种异想天开的东西，却无法叫醒对方。小茜听说很多传销组织到后来会虐待不听话的人。危险一步步逼近，她却无能为力。她不敢表现出害怕，也不敢偷偷走掉。因为她在明，他们在暗，如果第一次走不掉，后面想走就更加困难了。

那两天，传销组织的人不停地重复宣讲政策，带他们走访"各个团队"。小茜仔细观察了传销人员的居住环境，他们大多分散着租住在不同小区，居住地点也在不断变动，今天住在这里，明天或许就已经去别处了。为了给她洗脑，他们有的唱"白脸"，讲自己的亲身经历"卖惨励志"，说自己曾经家境贫寒，全靠加入这个项目才能追求梦想，买房买车；有的唱"黑脸"，痛斥她没胆量、没抱负，活该过着拿一点死工资的生活。直到这个时候，小茜仍没意识到这就是传销运作的方式。虽然感觉有点奇怪，但这群人总体上对她也算友好、有礼。没有人跟踪，没有人没收手机、身份证，没有人对她施加暴力，没有人逼迫她做这个"生意"，没有人被警察抓走，看起来真的就好像只是去朋友家喝喝茶、聊聊天。不知不觉中，小茜几乎慢慢被说服了，也许网上所说的是谣传呢？就在小茜有些动摇的时候，她的哥哥及时赶到了，带走了她。

万幸的是，她很聪明，凭借着警惕心，她每到一个地方，都会偷偷发定位给哥哥，然后把手机上的聊天记录全部删掉，以免被发现。在离开之前，小茜和哥哥好言劝了男友一番，但男友并没有醒悟。

回去之后，小茜在当地报了警，但因为男友在异地，没有立案。于是她又给北海银海区打击传销办公室打去电话，工作人员要求家属过去，然后协助把她男友弄出来。可是传销立案有个前提，即需要符合相关法律对组织、领导传销活动罪的规定：存在"拉人头+入门费"的情形，组织、领导的传销活动人员在30人以上且层级在3级以上。如果无法提供这些信息，就归"打传办"（规范直销与打击传销办公室，一般设在市场监督管理局下）管。作为行政机关，打传办以教育、走访、宣传为主，查办也多为罚款。

小茜不死心，打电话给男友的爸爸，希望他把男友劝回来。可男友的爸爸非但不相信儿子深陷传销旋涡，反而说小茜是要骗自己的钱。事情传出去，亲朋好友给男友打电话求证，他却恼了，指责小茜泄密背叛自己，断了他的财路。小茜无奈，只能选择分手。这件事给她的心灵留下了深深的阴影。在她看来，传销最可怕的地方，在于破坏人与人之间的信任。

传销不仅利用人对金钱的欲望，也利用人心，爱情、亲情、健康、工作、自尊等，只要你有弱点，就有可能落入不法分子设下的陷阱中。

小茜曾以为自己和男友的感情牢不可破，但这份感情在传销面前却显得脆弱不堪。**大多数传销组织拉人入伙，用的都是"杀熟"的套路，打感情牌，利用亲朋好友的信任，将他们骗入圈套。**如果你有好友进入传销组织，小茜的建议是：一定不要被他打动、洗脑，要以自身安全为重，绝不妥协。此外，救人也要量力而行，贸然上去讲大道理没有用，还可能给自己招惹麻烦。

接下来，我想聊聊究竟该如何识别并远离传销。

（一）传销也有派别

准确识别传销的派别，有助于我们第一时间觉察危险。传销分为南派和北派，这个区分的标准，不是指地域上的差别，而是组织管理模式。

北派传销中，上当的以家境贫寒的年轻人居多，提供的住宿条件简陋，十几个人挤在一间屋子里，打地铺、吃大锅饭，且会用暴力手段限制成员的人身自由。比如曾经在天津盛极一时的"蝶贝蕾"，表面上是卖化妆品，实际上用的是靠发展成员赚钱的传销路数。

南派传销多驻扎在高端小区，擅长用洗脑的招数，对人实行精神控制，不限制人身自由。他们往往会打着"国家工程""政府投资""慈善事业"等名号，甚至会伪造政府文件、歪曲领导人讲话，目的就是把传销包装成高收益、快回报的"高端项目"。

虽然南派和北派"拉人头"的方式不同，但内容和目的是一样的：通过吸纳新成员交费加入组织，再让新成员继续拉下线拿提成。这个过程不会创造任何实际财富，如同一场击鼓传花的游戏。

132

（二）传销的惯用骗术有哪些

1. 伪装成合法的直销模式。

在我国，直销是允许的，传销是禁止的。因此，很多传销组织会自称"合法直销"来忽悠人，但二者其实有明显的区别。《直销管理条例》规定，企业取得直销经营许可证后，可以招募直销员，直接向消费者售卖商品。直销员之间是没有任何层级差异的，也不能发展下线。传销人员之间往往有金字塔般的上下级关系。因此，只要符合"拉人头、建立多层级方式进行经营"的，就是传销。不论传销组织如何用"电子商务""消费养老""旅游创业"等新概念包装自己，其实都是换汤不换药。

2. 洗脑术。

一开始，传销组织的头目往往会给予新成员热情的接待，派遣低端下线通过旅游、喝茶等放松的方式接触，营造出轻松欢乐的氛围，让人感受到"大家庭的温暖"，放下戒心。接着便是"开班上课"，向在场的"学员"灌输"成功学"，要求你全盘否定过去的自己，放下之前的"小格局"，带着激情立即行动起来，快速发财致富、获得成功。为了激发"学员"当老板的热情，传销组织还会组织一系列"晨练活动"，所有人都要参加，集体读书、背书，即兴演讲锻炼口才，以"当下的生活有多苦，未来当老板就有多富"互相"激励"。这其实利用了人们的从众心理和赌博心理：就算我一个人蠢，难道参与这个"项目"的十几万人都蠢吗？如果上线说的是真的，那我不是马上赚大发了？

总结起来，他们会先打感情牌取得你的信任，再通过贬低、否定等方式让你陷入焦虑，变得脆弱，再开始对你进行"洗脑"，用房、车、社会地位等点燃你内心的渴望。大家可能会认为被"洗脑"是不够聪明的表现，其实不然。因为骗子的手段也在不断更新换代，许多传销组织的头目善于"攻心"，让你产生错觉——"只要进入组织，就能得到自己想要的东西"。如果你从小缺少父母家人的关爱，他们就会着重塑造团队的和谐，让你感受到"大家庭的温暖"；如果你缺钱，他们就会用房、车造梦，让你误以为自己找到了实现财富自由和阶级跃迁的捷径；如果你自卑，觉得自己学历低、能力差，他们就会拼命夸奖你，并设置各式各样的"磨砺"，让你误以为在这里能得到极大的自我提升……

3. 借钱杀熟。

传销组织往往会鼓励成员从身边亲近的人下手，利用熟人间的信任来发展自己的下线。如果你身边有亲朋好友突然找你借钱，又很快连本带利还你，一定要留个心眼。搞传销的人几乎都会借钱，即便他们自己有钱，借钱的目的其实也是一种迷惑行为，是铺垫，吸引你上钩。试想一下，当他突然找你借一大笔钱，然后很快又还你时，你难免会好奇：他怎么在短时间内能赚到这么多钱？于是，你就被迷惑住了，误以为他们的

134

"大生意"真的很能赚钱。

（三）不小心进了传销组织，该如何自保

人身安全最重要，在确保人身安全的前提下再想办法脱身，不要贸然反抗，假装配合被洗脑，降低对方的警惕。对方要求取款或转账时，可以故意输入错误的密码，或声称要和家人、朋友借钱，制造和外界联系的机会。如果找到和家人、朋友联系的机会，要根据实际情况行事。身边有传销组织的人员时，按照他们允许的话术去说，但可以在其中故意穿插一些和家人、朋友知道的事情相反的细节，比如独生子女可以问家人自己的兄弟姐妹的情况，从而引起家人的怀疑。如果身边没有传销组织的人员，可以用电话、短信、社交账号等，把你掌握的地址、传销组织的后续计划等信息传达给家人、朋友，但切忌打草惊蛇，你可以让家人、朋友私下联系警察进行调查。

后记

大家千万不要以为传销离自己很遥远，这几年被骗入传销组织的案例中，有不少当事人都是大学生。许多传销组织还特地瞄准"三高人群"——高学历、高收入、高职位的人才，目的就是树立榜样，加大欺骗性。

识别传销、远离传销的方式其实很简单。首先要放平心态

了解它，不要有自己绝不会上当的优越感。其次要保持警惕，按照前文说过的方式去判断组织的性质。最后，要清除内心的侥幸，不要认为自己是少数能发现成功捷径的幸运儿。

每个人都想拥有温暖的家庭、充裕的金钱和杰出的能力，但这些都不是靠运气得到的，而是要通过用心的经营和不懈的努力获得的。

跟踪狂天天在楼道电梯旁溜达，怎么办？

·人身安全·

2019年5月，韩国发生了一起女孩被跟踪事件，还上了我们这里的微博热搜，引起数万人恐慌。一个女孩喝醉后回家，一名男性尾随她到家门口，并试图趁女孩要关上门时强行闯入。幸运的是，女孩及时关上了门。随后男人在门口徘徊一分多钟，试图砸门、打开密码锁，后来发现没什么用，便离开了。当时女孩转身关门的情况十分紧急，如果再晚一秒，后果将不堪设想。

女孩被跟踪不是什么新话题了，每隔一段时间，就会出现这样的新闻。对女孩来说，路上、楼道里、电梯上，只要孤身一人都有可能遭遇危险。然而，我们不能因此将女性圈养在家中。既然这个世界上连伤害都会因为性别而向某一方倾斜，那我们就要懂得如何在重重危机中自保。箱式电梯的空间十分封闭，于是它就成了许多伤害事件的高发场所之一。在如此特殊的情况下，我们自保的方式似乎都受到了不小的限制。

于是，我特地向民警咨询了一些乘坐箱式电梯时的注意事项，希望能给大家一点帮助。

一、等电梯时

等电梯时，首先，我们要站在监控范围内。有监控在，骚扰者大多不敢轻举妄动。万一出了事，也有据可查。其次，别暴露私人信息。等电梯打电话时，别在通话里暴露自己的居住地址、财产之类的信息。最后，要留意身边的情况。身边如有陌生人出现，要保持一段距离，大致观察一下对方的举动以及周围环境。

独自等电梯时遇到下面几种人，宁可多等一趟。

（一）喝多了的人

醉酒的人会做出一些平常不会做的事，他们的神经处于兴奋状态，与他人的边界感变弱，所以在无法预知对方接下来会做什么的情况下，可以选择离他们远一些。

（二）有尾随嫌疑的人

如果发现有人一直尾随自己，那就别进电梯，去人多的地方绕几圈，或者和朋友打电话聊天，佯装朋友在等你回家。如果对方继续尾随，别惊慌，去找小区保安求助，或一边转悠一边报警。

（三）行为不检点的异性同事

除了陌生人，认识的人也要提防。遇到平时爱调戏女性的同事，或平时工作中曾让自己感到不适的同事，可以找借口等下一趟电梯，比如佯装接电话就是个不错的办法。

二、乘电梯时

乘电梯时，我们尽量做最后一个按楼层键的人，最好能观察和记住乘梯人要去的楼层，一来可以避免被别人提前知道你要去的位置；二来如果有人到达按键楼层，却没有下电梯，你也能提高警惕。此外，我们应尽量选好位置，最理想的是侧身站在电梯按钮旁。这样能看到电梯里的整体情况，不把后背留给别人，也不会妨碍他人上下电梯，发生危险还能第一时间跑出去。

三、如果在电梯遇险

（一）遭遇猥亵或暴力袭击

找机会立刻按下紧急通话按钮，这个按钮能让乘客和电梯监控室的人直接通话。情急时，尽可能按下每个楼层的按键，大声呼叫并随时准备出逃。万一发生搏斗，用手抱头屈膝，保护好自己的关键部位。如果电梯中途停下开门，一定要全力呼救，最好是大喊"着火了"而不是"救命"，这样更容易及时得到别人的救助。

（二）遭遇偷拍

如果在拥挤的电梯里有人刻意挤向你身边，把手机靠近你的裙底，要提高警惕，谨防被偷拍。要注意遮挡并大声喝止对方，寻求周围人的帮助。可以伺机将对方手机撞掉，通过实际行动发出警告。立即按亮最近的楼层键找机会出电梯也是不错的方法。

（三）遭遇暴露狂

遇到暴露狂，保持镇定，别转头看，按下最近的楼层键赶紧出去。

四、出电梯后

（一）发现被尾随，别直接回家

如果发现有形迹可疑的人尾随自己出电梯，不要直接回家。选择有人的邻居家，敲门喊"老公（或老爸），我回来啦，快开门"，让尾随者心里有所忌惮。如果不能马上判断谁家有人，挨个敲门，或者大喊救火，第一时间向别人求助。

（二）被尾随者暴力挟持

如果出了电梯后被尾随者拖拽，立刻大声呼救，引起他人注意。如果尾随者谎称自己是你的男友或老公，在无法自证的情况下你可以抢夺别人财物，引起纷争。

（三）进门之后多留意

如果尾随者停在楼道里，没有进一步动作，你可以进门后立刻将门反锁，从猫眼看看尾随者是不是在门口长时间逗留，观察对方的举动，尽可能记住其外貌特征和口音等。如果对方在门口不走，隔门大声警告并及时报警。一定要先报警，再打电话向家人、朋友求助。如果警察来之前对方已经走了，也要请警察调取电梯、楼道里的监控录像，早日擒住尾随者才能真的安全。

如果发生上述尾随事件，可以在接下来的一段时间里多邀请朋友来家中做客或短住，在家附近出行时多让朋友做伴。当然，条件允许的情况下尽早搬家。

后记

每次遇到女孩迫于威胁，不得不搬家的情况，我都感到十分无奈。明明她们是安全、隐私遭到侵犯的受害者，却只能用"四处逃窜"的方式躲避危险的侵袭。法律只能惩罚逾越底线的行为，而那些威胁我们安全的灰色因素却在我们周围真实地存在着，让我们殚精竭虑。我们希望社会治安能够越来越完善，每个受害者发出的声音都有回响，所有人都能随时随地安心地过自己的生活。

第三章 Part 3

亲密关系中的危险

被曾经熟悉，甚至信任的人背叛，受害者的信任体系无疑会被全盘摧毁。他们可能要花数月、数年的时间去修复和重建，才能从阴影中走出来。甚至有不少人会不停地怪罪自己，认为是自己给他人造成了错觉，是自己给了坏人可乘之机。

男友有白马王子综合征，诱导我自杀

· 情感PUA ·

你知道"白马王子综合征"吗？这是一种听上去很浪漫，实则很可怕的心理疾病。患有这种心理疾病的人，会把自己视为骑着白马的王子，期待伴侣将他们视为救世主，以此彰显自己的男子气概。他们喜欢和患有抑郁症或者精神脆弱的女孩恋爱，会想方设法故意刺激伴侣，沉迷于她们表现出的痛苦之中，并因此产生优越感和生理反应。为了得到持续的畸形的心理满足，他们并不会真正帮助或治愈女孩，只会不断向受害者施加压力，甚至刻意诱导受害者自杀。这是一种隐秘而恶劣的心理操纵——无论受害者是否患有抑郁症，症状是轻还是重，她们都很难意识到，刺激源其实就是自己朝夕相处的"白马王子"。

我曾接到过一个求助，来自一位患有抑郁症的女孩元元。患病后，男友一直陪在她身边照顾她，可她的病情却不断恶化，甚至发展成重度抑郁。数次在死亡的边缘挣扎后，她才醒悟过来，原来一切的源头都是那个口口声声要"拯救"她的男友。

一、她越崩溃，他越兴奋

刚认识范杰的时候，元元以为遇上了完美的"白马王子"。范杰比元元小3岁，两人初次见面是在某个设计师品牌的活动上。他做服装设计，和元元算是同行，两人很有共同话题。范杰看上去十分好学、上进，会使用许多软件，经常缠着元元讨论商业品牌、服装设计以及未来规划。这是范杰最打动元元的地方，她的上一段感情之所以结束，就是因为前任爱去夜店，不思进取，范杰则截然相反。

两人很快便在一起了，可确定关系仅仅两周后，元元就遭遇当头一棒——范杰和一个名叫短短的女性合作伙伴关系暧昧。有一次，短短喝醉了，直接睡在了范杰家的床上。面对元元的质问，范杰辩解："我们什么都没发生，我室友可以证明，你想多了。"同时，他依旧和短短举止亲昵，经常在一起自拍合照。

于是，一个循环开始了：元元吃醋、生气、闹分手；范杰哄她，找各种理由为自己开脱。元元每次都会被说服，认为是自己误会了男友。毕竟除了这件事，平时的范杰可以说是模范男友。他很黏人，常常和元元待在一起，有空就到她家亲自下厨。不能见面的时候，两人就一直开着视频连线，有时甚至什么也不说，只是让对方看到彼此工作时的样子。范杰的情商也很高，朋友圈全是元元的照片，还到处跟人介绍这是他女朋

145

友，说她多么多么优秀，甚至有时还会夸大元元的优点，让元元感到自己是被宠爱的那个。

元元陷入了自我怀疑：短短为什么阴魂不散地缠着范杰？自己是不是太小气和敏感了？负面情绪不断累积，压得元元喘不过气来。她感到十分痛苦，并开始失眠，最终确诊为抑郁症。

得知元元患病，范杰进一步表现出了"深情"的一面，他保证自己一定会好好照顾元元。他告诉元元，自己的表妹就是抑郁症患者，参与过网络知名的"死亡游戏"，最终选择了离开人世，至亲的离世让他更能理解心理疾病患者的痛苦，更珍惜他们。而且，他的前女友也是抑郁症患者，多次自杀，他不离不弃，照顾了她一年多，和她一起熬了过来。

然而，元元逐渐发现，男友口中的"照顾"，把自己推向了更痛苦的深渊。范杰反复叮嘱元元，千万不要把她患上抑郁症的事告诉父母和朋友，因为父母会担心，朋友会在背后指指点点。除了他，其他人根本不会理解元元，也不值得信任。

在范杰的诱导下，元元开始服用药效强劲的抗抑郁药物，每天昏睡到下午两三点才醒，晚上又失眠，几乎停止了所有工作。范杰每天下班后，就会来元元家找她，直到深夜才离开。一段时间后，元元便几乎断绝了和外部的联系，生活里只剩下范杰……

就在药物起效，元元的情绪和状态有所好转时，范杰的獠牙露了出来——他想方设法刺激元元，让她再次崩溃。比如，

女孩安全指南

他会突然拿出自己和短短的合照给元元看。元元生气的时候，他又会"无缘无故"地玩失踪，电话不接，消息不回，却活跃在社交平台上和别人互动。元元的情绪越崩溃，哭得越惨，他就越有生理反应，似乎很享受"观赏"她的痛苦。事后，他又会装出温柔的样子，抱着元元道歉。

渐渐地，他不再满足于刺激元元，操纵她情绪的方式也越来越极端。

二、被诱导自杀后，她看清了他

一天，两人看到一则男生自杀的新闻，死者生前在微博上留下了遗书。令人大跌眼镜的是，范杰非但没有因此安慰元元，让她不要多想，反而突然对她说："你也早该死了。"紧接着，他开始疯狂刺激元元："我前女友的抑郁症是假装出来的，是为了强迫我不分手。你其实和她一样，你根本没有抑郁症吧，你就是假装的。我前女友至少敢爬上窗台自杀，而你甚至不敢爬上窗台，你算什么抑郁症？"他甚至还测量了致死楼层的高度："现在你从11楼跳下去就会直接死掉，减少很多麻烦。但是你必须去别的地方跳，死的时候不要牵连我。"

听到男友的话，元元觉得震惊：这些话真的是从爱自己的人口中说出的吗？她感到眼前发黑，哭得撕心裂肺。这时，范杰却上前开始亲吻她，甚至想和她发生性关系。元元一把推开他，警告他，自己要告诉父母。范杰暴跳如雷，拖着她的头往墙上撞，怂恿她从窗台跳下去。她一度真的爬上窗台，却又被范杰拉回地上，他说："我没让你现在跳啊，你现在跳会连累我！"

元元被头朝地拉着，摔晕在地，不知过了多久醒过来，竟仍躺在地板上。范杰本准备打120，但见元元还有意识，于是继续刺激她："你可以起诉我家暴，你们女人都是这样的。"此刻，元元的脑海里只有两个字：快跑。她穿上衣服想走，可范杰却把她拖回来，死死掐住她的脖子。最后，元元苦苦求饶，并保证不把事情告诉别人，范杰才让她回家。

次日，范杰的把戏又重演了。他先是在朋友圈发了和短短的亲密合影，随后又转发了一则自杀新闻给元元看。双重刺激下，元元的情绪又崩溃了，她在微博上写了一篇很长的遗书，发了出去……

遗书很快传播开来，很多人开始联系元元，包括她的小学、初中、高中同学，初恋，同事，甚至范杰的前女友小欣。小欣加上元元好友，第一句话就是："不值得为那个男人伤害自己。"小欣和元元说了范杰很多事，元元这才发现，范杰说的很多话都是谎言。

在范杰口中，小欣不仅因抑郁症闹自杀，还是个人尽可夫的疯子，私生活极不检点，圈子里的很多同行都跟她发生过关系。小欣告诉元元，事情从来都不是这样，她没有抑郁，没有

女孩安全指南

闹自杀，最多吵架的时候离家出走过一次。反倒是"完美男友"范杰，在和小欣恋爱期间多次出轨。当他发现小欣怀孕后，丝毫没有要负责的想法，第一反应是让她去引产。打掉孩子的那天，是小欣的生日，她身体非常虚弱，躺在病床上怎么都起不来。范杰却无比暴躁，用枕头蒙住她的头疯狂往床头上撞，还用恶语威胁她，强迫她起床离开，没有一点对恋人的爱怜之情。此外，可恶至极的是，范杰到处散布小欣的谣言……

事实上，范杰对外把元元也说得一无是处。因为范杰，在有些人眼里，元元是个完全无法自控的精神病患者。元元这才恍然大悟，自己身边的那个人根本就是一个恶魔。她不再有任何留恋，决定离开范杰，住进医院接受治疗……

元元没有就此放过范杰，后来她通过律师，走法律途径，向范杰索要精神损失费，并让他在社交平台上公开道歉，事情才终于告一段落。

三、当心那个"白马王子"

元元的幸运在于及时止损，认清了男友的真面目，通过分手断联、法律维权的方式，保护了自己的人身安全。她的男友范杰其实是典型的有白马王子综合征。这个听上去美好的名称，背后却是以爱为名的控制与伤害。这个男性群体专挑感情脆弱，甚至精神上有一些问题的女孩下手，因为女孩抑郁、崩溃的状态会让他们感到身心兴奋。他们常常把自己伪装成完美的"白马王子"，在感情发展初期，给女友无微不至的照顾和陪伴。然而，他们内心其实并不希望女友状态好转。"救赎""拯救"都只是借口，他们享受的，是自己被当作英雄的优越感，是脆弱的女友对自己言听计从、百般依赖。因此，他们通常"打个巴掌再给颗甜枣"：先是通过打压、辱骂，让女友情绪崩溃；再用温柔、贴心的态度让女友更离不开自己。循环反复，直到从精神上彻底控制女友。

熟悉吗？这个套路就是亲密关系里的情感操纵。和肢体暴力不同，它常以隐秘的语言形式出现，让人难以察觉。长此以往，受害者便会产生自我怀疑，失去正常稳定的情绪、感知力和判断力，比如被男友PUA[1]，最终不堪羞辱自杀的北大女生包丽。类似范杰这样有白马王子综合征的男性难以维持正常的恋爱，只是沉溺于控制和伤害伴侣的畸形关系里，并试图从中得到虚假的快感。

有人在国外的在线征婚交友网站上写道："如果对方元气满满、开心自信，那还有你什么事？但假如她的家庭生活一团糟，你不就有改变她的人生、英雄救美的机会了吗？这么一来她的世界就离不开你了。"短短几句话，实则是许多有白马王

1　Pick-up Artist的缩写，指通过言语否定、精神打击、情感勒索等方式对他人进行精神控制的行为。——编者注

子综合征的人的心理写照。他们甚至会在抑郁症相关的论坛里寻找自己的目标。有些抑郁症患者本来就有严重的自杀倾向，在她们情绪崩溃时，一些简单的语言刺激或诱导，就会让她们放弃生命。

为了弄明白这些有白马王子综合征的人的心理成因，有人采访过心理治疗师埃利安娜·巴尔沃萨。根据这位心理治疗师的描述，这个问题很复杂，只能就事论事地看。这类人大致可以分成两种：一种是虐待狂，喜欢看女性处于痛苦之中；另一种是有厌女症，他们践踏女性自尊，把她们踩在脚下，以此显示自己的能耐，得到某种满足感。无论哪一种，他们都是在利用女性生命中的缺陷来满足自己的私欲，都对女性不友好。**他们厌恶女性、折磨女性，打着爱情的旗号，其实根本不希望喜欢的女孩恢复健康，真正获得快乐。女孩抑郁、糟糕的精神状况，才是吸引他们的真正原因。跟这种人在一起，女孩只会病得越来越严重，无法自救。所以女孩们一定要学会鉴别这类人，远离他们。**

如果你正处在抑郁、焦虑等情绪障碍中，发现男友有以下表现：

·反常地接近你，疯狂迷恋你的失落情绪；

·表达过"抑郁、焦虑更好，更吸引他"之类的意思；

·阻碍你治疗，切断你和外部的联系；

·总是强调自己对你的付出，让你产生"世界上除了他，别人都不会爱我"的想法；

·诱导你自残、自杀。

那你一定要小心，果断远离他，因为他根本不想你恢复健康，不想你变得更好。

如果你发现身边或网上有人诱导抑郁症患者自杀，那请保留证据，尽快报警，警察一定会将他们绳之以法。不要犹豫，耽误一分钟，就可能有一个女孩遇害。

后记

很多人把抑郁症比作"心灵感冒"，生病的时候，人往往会感到脆弱，期待得到别人的关怀。正如求生的本能会使溺水者牢牢抓住稻草一般，处于抑郁症中的女孩往往会陷入白马王子综合征群体布下的牢笼中。渴望爱情与救赎并没有错，但一定要提防，因为有人可能利用你的弱点来伤害你。女孩，你要记住，如果在一段亲密关系中，你的伴侣总是希望你视他为救世主，让你的生活只围着他一个人转，甚至绑架你的情绪，对你勒索无度、颐指气使，让你陷入糟糕的状态，请记得及时结束这样的关系。因为他爱的不是你，而是自己——通过操纵你，他幻想自己成为英雄，被仰慕、被崇拜。你的爱很珍贵，请先留给你自己。

面对恋爱中的冷暴力，该怎么办？

·冷暴力·

长久地保持健康的恋爱关系，并不是一件易事。在最初的激情退去后，对方的真实面目逐渐浮出水面，问题也就会随之而来。有些分歧爆发时显而易见，比如争吵、家暴、出轨等；有些矛盾则是隐秘的旋涡，会一点一点地耗尽你的精力和能量。此类矛盾中，最典型的就是"冷暴力"。那么，我们究竟该如何识别冷暴力，又该怎样及时止损呢？

一、什么是冷暴力

朋友花花约我吃饭，上菜的过程中，她说最近想分手了，觉得两个人相处不下去了，天天受气。

我有些惊讶：不会吧，他不是一直对你很体贴吗？

花花哭丧着脸，倒豆子般把自己的委屈全说了出来。两人是大学校友，经同学介绍认识。花花的男友看上去谦和有礼，第一次"轧马路"，他特地让花花走在里边。追求花花的时候，剥虾、夹菜、倒水，殷勤得很。然而在一起相处久了，尤其是同居后，她才发现男友的另一副面孔。曾经的体贴礼貌，就像是假象一般。他在家里完全不干家务，里里外外全由花花包办。但只要花花做错一件小事，他就会阴阳怪气地把花花挤对一顿。

有一次，花花把脏衣篮里的衣服都洗了，其中有一件是男友的衬衫。明明是男友自己随手乱放，但责任却变成了花花"不长眼"："我都说了明天开会要穿，你非要洗了，叫我明天怎么办？你就是做事毛躁，什么都干不好。"

花花气愤地辩驳道："你以为我很闲？脏衣服都成堆了，也没见你动手洗啊。难道你手断了？"

本以为一场"大战"必不可免，没想到男友却"哑火"了，他用一种蔑视、淡漠的眼神直直地盯着花花，冷冷地说："你看看自己现在像什么样子，我真后悔和你在一起。"

接下来一周，男友对花花爱答不理。平时他们都会在客厅坐一会儿，看看综艺、读读书，可现在一见花花坐在沙发上，他就掉头离开。花花问他晚饭吃什么，他不搭话；向他倾诉工作烦恼，他最多瞟她一眼。

在吃饭、睡觉这种必不可免的共处时间里，花花感觉空气都是凝固的。彻骨的心寒让她忍受不了了，于是她对男友说希望他不要这样对自己，可他却一脸无辜地说："有吗？我就是正常和你相处啊。"

渐渐地，男友冷脸的次数越来越多。在外吃饭，花花刷到个短视频，笑得声音太大，他会冷脸；看到家里有四五个没拆的快递，他会冷脸；后来，就连花花烫个头发，他看到也会冷脸。

花花和两人共同的朋友倾诉过，没想到他们都不信："他那么好一个人，怎么可能故意冷落你？是不是你多心了，别身在福中不知福啊！"毕竟，男友对朋友很是热心，谁喝多了找他，他一定不会不搭理，还会打车到饭店，帮人家开车送人家回去。

花花叹了口气："他只对我这样，可能因为我们朝夕相处，比较亲近。"

我想了想，问花花："你和他相处的时候，总是小心翼翼地观察他的情绪和反应吗？总感觉自己会说错话、做错事，惹他不开心吗？"

"那肯定会啊，简直就是要看脸色行事。两个人在家里，我得时时关注他的心情。他有时候面无表情地吃饭，我都怕是自己盐放多了，又要挨一顿数落。我现在都快觉得自己是个废物了，什么都干不好。"花花答道。

事实上，很多人或多或少都遇到过和花花类似的情况：因为在亲密关系中要顾及的东西太多而感到压抑和疲惫。其实，这就是冷暴力，属于亲密关系中的一种精神或情感虐待。看到"冷"这个字眼，你可能会觉得它和冷战类似，但并非如此。冷暴力是指他不会对你拳脚相向，但是会在精神上对你实施打压和操控。《中华人民共和国反家庭暴力法》明确将冷暴力列入家庭暴力，因为它会对人造成精神和心理上的侵犯和伤害。冷暴力的形式包括冷淡、轻视、放任、疏远等，虽然危害不小，但潜伏得很深，常让人误以为只是简单的闹矛盾、争吵这样无足轻重的小事。

因此，即便遭遇了冷暴力，许多受害者仍旧会想：他本来不是这样的人，肯定是我哪里做错了，他才会这么对我；我这么一个一无是处的人，他还愿意跟我在一起，所以我得乖乖听他的话；就算他这么对我，我也没办法离开，毕竟我们都在一起这么久了，我还能怎么办呢？……

冷暴力比肢体暴力更可怕的是：你会因为对方施加的恐吓和羞辱而习惯于服从他，把所有的问题和不足都归结到自己身上，最终认为什么都是自己的错，自己是个一无是处的废物。

二、冷暴力的具体表现

一个有冷暴力的人其实很难被人识别出来，因为在一开始接触的时候，他会表现得很好，对别人是彬彬有礼的。当你逐渐发觉不太对的时候，他已经树立起一个好男人的形象。这时你甚至会产生一些困惑：他以前那么好，为什么现在会这样？是不是我们的相处出现了问题？我是不是真的做错了什么？……冷暴力往往隐藏得非常深，因此当你产生相关的困惑时，了解自己是不是真正处于一段冷暴力关系中，便是解决问题的第一步，以下是我总结的一些冷暴力倾向的表现。

（一）不想理你，敷衍了事

当一个人以冷暴力对待你时，他不会愿意和你一起参加集体活动。他会拒绝和你发生性关系，或者草草了事。他会变得很忙，有很多应酬，你们两人相处的时间越来越少。你给他打电话，他总是在忙，打多了还嫌你烦，甚至直接关机玩消失。你们会渐渐无法正常沟通。你不论是直接说话，还是发微信，他都会选择无视或者敷衍地回复你。即便是你们有了孩子，这种情况也不会有太大的改变。

（二）拒绝解决问题

当你发现问题，并且表示希望能谈谈的时候，他就拒绝，还说其实没什么问题，是你想多了，从而让你反复自省：是不是我有问题？是不是我哪里做错了？如果不是我的错，那为什么他会这样对我？当你好不容易找到沟通的机会时，他不讨论事情本身，而是吐露自己的脆弱、辛酸和难过，反复表达自己的为难和不易，让你心疼他，愿意原谅他。这种以退为进的方式，会导致后续问题一而再，再而三地出现时，你只能反复用"他好可怜，我还是应该体谅他"这样的理由放弃彻底解决问题的机会。

（三）爱用"软刀子"，让你尴尬难受

当有外人在场时，你不小心犯了错，他就会表露出对你的嫌弃，说你笨手笨脚，这么简单的事情都做不好，让你觉得丢脸、尴尬。时间长了，你甚至会害怕跟他一起出门。他很擅长倒打一耙，明明是他做错了，却要对你恶语相向，先把责任推给你。他会经常说"如果你不这么做，我怎么会这么对你"之类的话，让你感到内疚。慢慢地，只要出现问题，你都会想："是不是我做得不好？是不是我有问题？"

（四）试图控制你

他会很明确地表示你不需要出去工作，由他来养活你。通过这样的方式，他控制了你的经济来源，让你完全成为他的附属品。他会限制你和朋友、家人见面，如果你要出门，他就会追问你出去干什么，去多久，和谁在一起。你说不清楚他就不会同意，而你甚至可能还会喜滋滋地觉得他是在担心你。

（五）不断试探你的底线

在不得已要带你出门的时候，他会刻意和别的女生表现得很亲密，如果你发脾气，他还会指责你不给他面子，故意让他难堪。最过分的是，当他出轨了，夜不归宿时，你质问他，他就解释说工作忙，或者直接摊牌：我就是劈腿了，不行就分手、离婚。大部分时候，我们面对另一半的苛责都会先反思是

158

不是自己的问题，从而忽略了这极有可能是对方施加冷暴力的方式。

三、冷暴力警告信号

以下是一些关于冷暴力或者精神虐待的警告信号，大家可以看看有哪些常常出现却容易被我们忽视。

· 频繁地贬低你

· 过分批评、指责你

· 拒绝和你沟通与交流

· 忽略你，将你排除在他的计划或是活动之外

· 婚外情

· 和异性之间过分亲密（试图激怒你）

· 用嘲讽或是不快的语气和你说话

· 没有任何理由的嫉妒

· 极端情绪化

· 开低劣的玩笑，或是常常嘲笑你

· 喜欢说"我爱你，但是……"

· 喜欢说"如果你不这么做的话，我就会……"

· 喜欢主导并控制你

· 出现问题时选择逃避

· 使用"让你感到内疚"的招数

· 让所有的事情看上去都是你的错

· 将你和你的家人、朋友孤立

· 用金钱控制你

· 如果你离开他，他就会以自杀为由威胁你

值得注意的是，不要因为你的另一半身上出现了上面提到的一两个信号，就断定对方在对你施加冷暴力。不过如果你的另一半让你感到自己被操控了，且身上出现了很多上面提到的信号，那你就一定要当心了。

四、为什么会出现冷暴力

出现冷暴力的原因有两种，第一种是从父母那里"遗传"来的。在这种情况下，有冷暴力倾向的人从小与父母的相处模式就是这样：基本不交流，或者用冷嘲热讽的方式交流。当他做得不好，或者不知道怎么做时，他的父母不仅不会及时给予帮助，还会冷眼旁观，让他觉得不知所措和难堪。他觉得没有人会听他的，自己的想法并不重要，因此拒绝表达，出现问题时就用沉默逃避。"人们在不知道如何处理问题时，往往会将自己的心困在一座城里，逃避后果。"这种情况也叫作"筑墙逃避"。其实他这么做，只是一时情绪上来了，并没有逼迫对方离开的想法。

第二种是刻意装出来的。如果一个人的冷暴力是刻意装出

来的，那他可能是有了新欢或者不喜欢你了，但又不想做率先提出分手的那个"坏人"，所以故意表现出冷漠的态度，无视你。当你无法忍受，提出分手时，他会迅速接受，还会说："我还是很爱你的，但既然你先提出分手，好吧，我尊重你的选择，你可别后悔。"然后，他就会潇洒离开，让你一个人陷入自我怀疑中。

五、正在遭受冷暴力，怎么办?

当你遭遇对方的冷暴力时，千万不要自认倒霉，想着就这样算了，一定要试着做些什么，因为你本不该经历这些伤害。

（一）不要一味地责怪自己

一定不要觉得问题都出在自己身上，不管有什么问题，两个人积极地进行沟通和解决才是正确的。把问题归到某一个人身上，这种做法肯定是不对的。两个人相处，不是要评判谁对谁错，而是要解决问题，这样两个人才能更好地一起生活。

（二）把自己的需要放在首位

不要在心里替他说好话，想太多理由给他开脱。如果他做错了，那就是错了，要把自己的感受放在第一位，保护自己、照顾自己的情绪更重要，一味地委曲求全，是不会有好结果的。

（三）别理会对方的挑衅

避免正面冲突，否则一旦你想跟他好好沟通，他就会抓住这一点，四处控诉你，说你情绪不稳定，说你无理取闹，让你陷入两难境地。

（四）别幻想他能变好

你必须了解：一个人想改变，只可能是自己发现问题并及时改正。刻意的伪装是不可能被改变的。

（五）及时寻求帮助

向你非常信任的人说明情况，寻求帮助和保护。

（六）时刻准备离开

发现问题后，尽快想好退路。不管是分手还是离婚，从当前的环境中脱身，寻求可靠的庇护是非常必要的。

（七）必要时寻求外界疏导

如果感觉自己在心理上迟迟无法走出阴影，可以和家人、朋友聊聊，或试试心理咨询，有时把心里积压的负面情绪表达出来，你会好受很多。

如果你正处于一段充斥着冷暴力的婚姻中，通过妇联、居委会调解也没有效果，想要离婚脱身，那你一定要做好证据的收集。在存在冷暴力的家庭中，两方对"感情破裂"的认识常常是不一样的，施暴方会认为没有矛盾，不想离婚，但遭受冷暴力的人却长期处于巨大的精神压力和痛苦之下。因此，协商离婚会很困难。起诉的话，法院判决准予离婚的前提是有冷暴力存在且导致夫妻感情破裂的证据。与肢体暴力会造成肉眼可见的身体伤害不同，冷暴力更加隐蔽，证据收集很困难，因此法院判决准予离婚的可能性不高。

不过，只要了解什么样的证据有效，就能更好地进行取证留存。

1. 电子邮件、微信记录等。

在对方拒绝当面交流时，可以给对方发送电子邮件、微信，进行一些事实确认，比如问对方"为什么这一个月都不和我说话""你是不是故意无视、冷落我""你是不是以冷暴力对我"等。

2. 对方不尽夫妻义务时的谈话录音。

对方限制你的人身自由，不准你上班、外出，或者拒绝过夫妻生活，等等。这些情况出现时，如果有录音，那便会是很好的证据。

3. 来自同事、朋友、邻居等知情者的证人证言。

很多施加冷暴力的人，在外人面前反而总是一副乐于助人的样子，这也导致外人会以为你们夫妻感情很好，没什么问题。因此，一定不要羞于把自己的困境说出口，让身边的人帮助你。

4.妇联、居委会、律师的调解记录。

在提起诉讼离婚前，可以先通过妇联、居委会、律师进行调解。如果能协商一致，直接解决问题更好；如果失败，也可以作为感情破裂的证据。

后记

在亲密关系中，如果一方出现冷暴力，其背后的原因不能一概而论。不可否认的是，有人存在主观恶意，故意利用冷暴力手段，操控或逼迫伴侣离开；但也有人是因为潜移默化中受原生家庭沟通模式的影响，不擅长沟通，习惯性逃避。遇到这种情况，可以和伴侣深入沟通，有必要时可以带他去做心理咨询。

如果你发现，你才是那个不经意间对伴侣施加冷暴力的人，也不用太过自责。因为改正错误的起点，就是发现错误。既然你已经发现了自己的问题，那就试着多表达一些，多跟伴侣用恰当的方式沟通，朝着正确的方向不断前进。

如何避免约会被强奸?

· 性侵强奸 ·

提起约会,不少人都会露出甜蜜的微笑。然而,这样浪漫的场景,有时却会变成行凶的最佳温床。"约会强奸",指的正是罪犯利用人在约会时容易放松警惕的特点,对受害者实施强奸行为。不同于其他情境下的强奸,约会强奸往往事前预防及事后取证的操作难度都更高。而且,不少人存在"同意约会=同意性行为"的认知误区,甚至还会利用醉酒或下药等方式让受害者失去意识,从而加以侵害。

那么,约会强奸具体指的是什么?我们又该怎样处理这个棘手的情况?

一、什么是约会强奸?

在解释约会强奸前,我们需要先厘清什么是强奸。强奸,是一种违背被害人的意愿,使用暴力、威胁或其他手段强行与被害人进行性行为的违法行为。约会强奸虽然不是正式的法律概念,但在核心含义上和强奸是一致的——"违背被害人的意愿"。

将约会强奸和其他强奸行为区分开来的核心，主要有三点。

（一）双方是什么关系

在大多数情况下，双方事先已经相互认识，有一定的社会关系联系，两人之间有基础的信任。在央视纪录片《中国反家暴纪事》中有一组数据：70%以上的性侵案发生在熟人之间，属于"熟人强奸"。而约会强奸，则是熟人强奸中最普遍的一种形式。需要注意的是，约会强奸不仅可能发生在已经建立恋爱关系的情侣之间，也可能存在于老师、同学、朋友、同事等关系中。

（二）犯罪地点更为私密

约会强奸的发生地点，基本不是公共场所，而是宾馆、旅店、个人住所等。这些场所具有私密性高的特征，在强奸的认定和证据的搜集上会更加困难。

（三）约会环节中是否存在自愿行为

一般来说，受害者是自愿前往约会地点，并与侵害者进行了一段时间的接触，比如吃饭、逛街、看电影等。在强奸发生之前，双方的互动几乎和普通的约会行为没有太大的差异。但也正是因为存在自愿行为，约会强奸的判定难度会更大。

166

面对熟人的越轨行为，受害者往往会担心激烈反抗后，社交关系、个人名誉等受到影响，从而对直观、激烈的反抗以及事后的维权有些迟疑。

在这样的情境下，通常侵害者的暴力行为不明显，受害方的反抗也不明显。

二、被误解的性同意

在约会强奸的案件中，有一种常见的说法是"受害者自愿论"。

受害者自愿论是指，侵害者声称获得了对方的同意才进行性行为，但事后被受害者反咬一口说是强奸。真实情况是，侵害者曲解了受害者的行为含义，认为受害者是在对自己发出"性邀请"，并且刻意忽视了受害者的反抗，将其行为视为调情和欲拒还迎。有些侵害者还会把约会强奸合理化，甚至责骂受害者，认为是因为对方穿着暴露，挑逗自己，或是因为曾经的浪漫经历，对方的一些行为让自己产生误解，才会造成约会强奸的结果。

2014年7月，广西梧州的17岁女孩小陈，就差点经历约会强奸。经朋友介绍，她认识了在广东打工的24岁的吴某某。之后的一年时间里，吴某某多次邀请小陈出来见面。2015年7月25日，小陈辗转4个小时的车程，从家中来到市区与吴某某见面。当晚，小陈原本计划在朋友家过夜，而吴某某则表示希望小陈留下来继续陪他。两人散步直至深夜，陈某某的高跟鞋中途损坏，吴某某便顺势把小陈背在身上，并寻找酒店入住。两人于26日凌晨2时左右，在金山酒店开了一间单人房。吴某某认为，小陈和自己同住一个屋子，就表示小陈同意与自己发生性行为，于是开始对小陈动手动脚。尽管小陈多次拒绝，吴某某仍没有停下自己的侵犯。于是小陈找准时机冲出房门，向酒店的工作人员求救并及时报警，才免于被强奸的命运。

从小陈的经历里我们不难看出，许多人对"性同意"的认知不清晰，并且存在主观臆断。日本NHK电视台做过一份关于哪些行为会让对方误解你已"同意上床"的调查，调查结果显示，11%的人认为双方单独用餐即"同意上床"，27%的人认为双方单独饮酒即"同意上床"，25%的人认为双方单独乘车即"同意上床"，23%的人认为穿暴露的衣服即"同意上床"，35%的人认为喝到烂醉即"同意上床"。然而实际上，以上这些说法，哪一项都不能作为性同意的依据。唯有对方在意识清醒的情况下，主动并明确地表示愿意进行性行为，才是真正的性同意。

三、乘虚而入的约会强奸

除了受害者自愿论的约会强奸，有些侵害者还会利用受害者对自己的信任，通过灌醉受害者，或趁受害者不备在其食物、饮料中下药，让受害者失去意识，再进行强奸行为。

醉酒状态好理解，那迷奸药又是怎么回事？有媒体曾报道过迷奸药的主要来源：一是地下作坊，二是正规药厂的非法销售。事实上，这两个渠道往往是紧密相连的。我曾伪装成买家，了解到他们内部的一些运作信息。有销售人员告诉我，小作坊的配比方都是医院工作者研究实验配比出来的，他们通常会将配比方法和原料渠道资源打包出售，能卖几万元。于是，一个链条清晰地出现了：药厂卖药给医院工作者，医院工作者研究出迷奸药配方，并提供渠道给地下作坊。

根据我的调查，这些迷奸药大多不会打上明晃晃的"迷奸"标签，而是基于黑话，以香水、保健品、功能性饮料的包装售卖。这些药的实际作用不是催情，而是麻醉。这些药因为会被不法分子利用，成为他们性侵女性的工具，因此有个名字叫"约会强奸药"。

有些迷奸药是无色无味的油性液体，可以溶解于软饮料中被人体摄入。低剂量摄入，能让人的精神得到刺激，提升性欲，但一旦过量，哪怕只是轻微过量摄入，就可能会让人神志不清、失去知觉，甚至停止呼吸。

我有位朋友名叫小东，曾在贩卖约会强奸药的聊天群里潜伏过一个月。那是个300多人的群，每天的聊天消息都会超过1000条，聊的不外乎三件事：直播迷奸过程、交流怎么下药、出事了怎么办。小东给我看过他买的药：小作坊式的粗糙包装，配上千奇百怪的名字，没有任何成分说明，包装上最显眼的文字就是妙手、桃心、猎艳、回春、千岛……这是群里常讨论的药物的名字。

这个群里的人还会分享和交流如何下药。比如，有个人约了姑娘吃火锅、看电影，但姑娘不喝酒，也不去KTV，他想知道怎么迷奸她。群里有人给他出主意："拿个眼药水瓶，把眼药水挤光，然后把混合好的迷奸药注射到眼药水瓶里，再找机会把迷奸药挤到她的饮料吸管里。"再比如，有个人约了姑娘吃饭，姑娘不喝酒，也不喝饮料，他就在群里发了一张一锅汤的照片，问大家汤里能不能下药。群里有人建议："放在碗里，盛一碗让她喝。"此外，有些药不适合下在白水里，因为看上去会显得浑浊，于是他们就讨论："去买咖啡，直接插上吸管放好药，再给对方。而且还得催对方快喝，否则一口一口慢慢喝，药效会打折。"

后来小东举报了这个群，与此同时，他也希望把这些内幕讲给大家，让大家在社交中多一些警惕心。

四、如何正确应对约会强奸

约会强奸虽可怕，但并不是无迹可寻。我们能够通过了解相关知识来进行事前预防、事中应对、事后处理，以此最大程度地保护自己。

（一）事前预防

保持警惕，相信自己的直觉，不要和让自己感到不安或不舒服的人独处。

和不太了解的人在一起时，要注意周围发生的事情，避免去偏僻或不熟悉的地方。

尽量保持清醒，不要喝离开过你视线的饮料，也不要吃已经打开过的食品。

外出时，如果比较晚了，记得和家人以及信任的朋友保持联系，让他们随时知道你的位置和状况。

（二）事中应对

明确告知对方自己的肢体接触原则，清晰拒绝、及时制止任何越界行为。

如果感到危险，应该寻求协助或大声呼救，毕竟比起误会对方，还是保护自己更重要。

（三）事后处理

如果不幸遭遇了约会强奸，不要破坏犯罪现场，保留施暴和反抗的痕迹。

不要丢掉任何可能成为证据的东西，比如喝过的水杯、内衣内裤、纸巾等。

不要洗澡，洗澡会洗掉对方的体液和组织残留物，第一时间去公安局报案。

公安机关后期会调取血液样本进行酒精浓度测试，以推断事发时你体内的酒精浓度，进而推测你是否醉酒。如果怀疑自己被下药，也可以要求进行相关检测。

收集监控视频，比如酒店监控、路面监控、酒吧监控、汽车监控等一切可以证明你有反抗或失去意识的证据。

收集其他目击证人的证词，比如店里的工作人员，同行的朋友、同学、同事，路人，等等。

后记

约会强奸对受害者造成的影响，远不止身体被侵犯这么简单。被曾经熟悉，甚至信任的人背叛，受害者的信任体系无疑会被全盘摧毁。他们可能要花数月、数年的时间去修复和重建，才能从阴影中走出来。甚至有不少人会不停地怪罪自己，认为是自己给他人造成了错觉，是自己给了坏人可乘之机……

请记住，只要你曾表示了拒绝，无论是口头还是肢体的拒绝，代表的都是"不同意"。你已经做到了你能做的，剩下的就交给警察吧。

遭遇家暴怎么办，如何识别家暴男？

· 家庭暴力 ·

　　和家暴相关的事件时常出现在各大媒体的报道中。在相关法律的不断完善之余，也有人在致力于用自己的力量，以不同的方式帮助那些家暴受害者。比如专门帮受家暴女性离家出走的搬家公司，为受害者提供心理咨询服务的社工，以及一些为受害者提供庇护的社会组织。

　　小虎来自一个专门帮助女孩从家暴男手中逃脱的民间组织，经手的案例有上百个。频繁和受害者、家暴男打交道后，小虎总结了一些很实用的经验，比如怎样提前识别对方是否有家暴倾向，如何打破心理障碍，用正确的方法逃离家暴等，下面分享给大家。

一、如何识别家暴男？

　　在帮助受害者复盘的过程中，小虎发现，**家暴往往不是突然发生的，而是早有征兆的**。比如有个女生，她和男友在一起两年多，男友情绪一直非常不稳定。只不过一开始，他发怒的时候，惩罚的对象通常是自己。有一次，他们去游乐园玩，男生不小心把身份证弄丢了，他不是积极地去寻找或者求助工作人员，而是不停念叨，责怪自己粗心大意。女生好意安慰他："丢了就算了，补办就行了。"可令她没想到的是，男生竟反过来质问她："你为什么不提醒我收好？"接着还数落了她一顿。女生被说生气了，转头就走，男生却突然扑通一声跪了下来，对着女生疯狂扇自己耳光。围观的人越来越多，男生仍没停手，女生只能作罢。

自此以后，男生大概认为自我伤害是"控制"女生、让她听话的好方法，用的次数越来越频繁，方式也越来越极端。只要两人发生矛盾，或者女生做了他不满意的事，他就会抽自己耳光，割手腕拍照，甚至以跳楼相威胁。直到有一天，男生因为工作中的一点小事心情不悦，打了女生6个巴掌，家暴就成了他胁迫女生顺从自己的常见手段。

我之前曾向读者做过一次以"施暴者特征"为主题的故事征集，一共收到了425份投稿。这些故事很有共性，从中我发现，在施暴者身上表现最显著的就是控制欲强，比如强迫女友断绝所有社交，不允许女友和其他男性说话，甚至在家里装摄像头实时监控女友的一举一动……

我和小虎总结了六点"施暴者特征"，希望能帮助更多人尽早识别有暴力倾向的人，规避安全风险。这种事经不起试错，如果能基于对方的性格、行为特征进行预判，就能避免受到伤害和遭遇危险。

二、家暴施暴者有哪些特征?

（一）嫉妒心强、依赖性高、疑心重

嫉妒心强、依赖性高、疑心重到让人害怕的男性，更有家暴倾向。在小虎救助的一个案例里，女孩的男友非常爱追问她的情史，总是问她有过多少个对象、和前男友相处的细节如何等。女孩如实相告，他就表现得痛苦万分，一直流泪，纠结为什么自己没能早点遇上她。此外，这个男生平时总缠着她，非常殷勤地向她发消息，她出门和朋友聚会他都要跟着，点餐的时间久一点，他都会怀疑女孩对服务员有意思。有一次，女孩坐在沙发上玩手机，有一搭没一搭地和他聊天，他却突然暴怒，一口咬定女孩是在和前男友聊天，冲上去抢过她的手机扔在地上，还狠狠踢了她一脚。事实上，他自己其实一直在社交软件上勾搭别的女孩……

很多女孩会误以为男友爱吃醋、占有欲强，是在乎自己、爱自己的表现，其实不然。他们不允许女友和其他男性接触，要求女友时刻把自己放在第一位，本质上是为了维持所谓"自尊"，享受操纵他人的成就感。这类男性一般不满足于只有一个伴侣，但同时又坚决不许妻子或女友在外面"有人"。注意，这里的"有人"大多数时候并不是真正的出轨，而是正常的社会交往。

（二）控制欲强，极度以自我为中心

控制欲强的男人，小到点菜、穿衣、交友，大到买房、买车等家庭重要事务，都会命令、强迫伴侣服从自己的意志，从不留商量的余地。小虎举了一个典型的例子，有一对情侣，男方总是限制女孩的行动自由，比如裙子穿短了，原本约好的外出逛街就取消；饭桌上被某个朋友揶揄了一句，回去他就会命令女孩把这个朋友拉黑。后来女孩不堪男友殴打，想搬出去暂住朋友家，可她打开手机才发现，因为男友的挑剔，自己原来的好友要么已经删了，要么早就不联系了。

在一开始的时候，这类男性会打着"为你好"的幌子而不是以命令的口吻诱导女孩自我反思。在这个过程中，有的女孩会被说服，以为自己错怪了男友的好心。但殊不知这种关心，并非出于爱和保护，而是他们以自我为中心，向女友灌输自己认为正确的思想的表现。"苦口婆心"不管用了，他们就会以谩骂、殴打作为惩罚，胁迫女友服从自己。遇到这样的人，千万不要顺从他们的意愿断绝自己所有的社会关系，更不要过度自我反思，被对方固执、扭曲的思想带偏，陷入自我怀疑中。在他们眼里，他们永远不会错，所以你不要浪费时间尝试和他们讲道理。你唯一要做的就是离开、断联，让他们彻底在你的生活中消失。

（三）容易走极端、会自残、威胁你的人，大概率是家暴男

许多有家暴倾向的人，情绪都不稳定，生气的时候喜欢大声吼叫、摔东西发泄、玩消失。一旦对方忍受不了，提出分手，他们就会用极端的方式进行挽留，轻则死缠烂打、短信轰炸，重则吞服安眠药、割腕、跳楼，目的就是威胁你，让你感到恐惧，从而心软。

他们通常会"循序渐进"，一步步试探你的底线。有个女孩在投稿给我的故事中写道："一开始他发脾气，然后道歉，求我原谅；后来骂我，然后道歉，求我原谅；再后来轻轻扇我一巴掌，假装玩闹，然后道歉，求我原谅；最后推我很多下，用力地捶打我，然后道歉，求我原谅。"

不要给对方试探的机会，要从一开始就亮明自己的底线，坚定地告诉对方：这招对我没用，我不怕。在沟通的过程中，你要注意措辞，尽量避免激怒对方。

（四）自卑且好胜心强

不少家暴施害者，都有极其自卑的一面，对自己某方面不满意，比如个子矮、社会交往能力差等。他们在外可能很怂、很软弱，需要在家庭或亲密关系中确立自己不可撼动的地位。他们满足自己好胜心的方式，不是提升自我，而是打压另一半。伴侣的学历比自己高，人缘比自己好，都能成为他们施暴

的借口。有一些男性甚至会因为无法忍受妻子比自己收入高而对妻子动用暴力，江西省吉安市人民法院2006年受理的离婚案中，涉及家暴的案件里有65%是男女经济收入差距引发的。

（五）原生家庭存在家暴行为

对方的原生家庭如果存在爸爸打妈妈的情况，应该引起你十二万分的警觉。暴力像是致命的污染物，会将清澈的池水弄得污浊。暴力很可能在代际间传播，让孩子误以为这是正常的解决矛盾、发泄情绪的方法，从而陷入新一轮的伤害循环。当然也有例外，不能一棒子打死所有在家暴环境下长大的人，比如在小时候看到爸爸打妈妈，从而激发了自己保护女性的责任心，对暴力深恶痛绝的人也是存在的。所以你可以通过旁敲侧击，试探出男方对家暴的态度，如果他认为"家暴很正常，挨打的人肯定做错事在先"，那你一刻也不要犹豫，立马分手。这里有一个小技巧，那就是不要直接问对方怎么看待家暴，而是以"你想家吗"这种话术入手，聊原生家庭，进而抽丝剥茧，得到自己想要的答案。

除此之外，你还可以通过以下这些方法去判断男方是否有暴力倾向。

1. 观察他对弱者的态度。

看看他对小孩、老人、其他女性，以及服务人员、下属甚至小动物的态度如何，他越是鄙夷弱者，欺软怕硬，越有暴力倾向。

2. 观察他的交际圈。

他的哥们儿、同事、老乡怎么看他，他身边亲近的人都是什么样子的，可以成为你参考的依据。如果他的好哥们儿有过家暴行为，他却视而不见甚至表示支持，那你就一定要长个心眼。

3. 观察他解决分歧、释放情绪的方式。

如果他习惯性推卸责任，把错都归结到他人身上，且喜怒无常，动辄摔锅砸碗，你指出后他也不愿意改变，那他就很可能有比较严重的暴力倾向。

三、家暴受害者为什么难以逃离家暴困境

在五年多的救助生涯中，小虎遭遇了许多误解和刁难。有人咒她破坏别人的家庭会遭报应，有的家暴男威胁她要是离婚了先对她下手……这些困难没有让小虎失去勇气，可她仍有一件十分担心的事——好不容易帮助的家暴受害者，在逃离后又回到了施暴者身边。小虎拉黑过的唯一一位求助者，是一个1993年出生的女孩。这个女孩五次选择原谅丈夫，让小虎感到自己的努力全白费了。第六次，小虎决定搏一把，对女孩说了句有点难听的话，希望她三思："他对你的那些好，能否抵消他失控时对你施加的暴力？万一他再情绪失控，威胁到你和你父母的生命安全怎么办？"女孩低着头，不敢直视小虎的眼

睛，只是默默地说："除了打我，他平时对我真的很好，离开他我没办法生活下去。"

不久后，小虎听到这个女孩又被打了，伤势很重，住进了医院，一种恨铁不成钢的愤怒顿时涌上她的心头。

这些年来，小虎目睹了不少重新"羊入虎口"的案例，她明白自己所做的事需要耐心，因为家暴受害者要逃离往往很艰难，是对身心的多重考验，既需要坚强的意志、果断的决心，也需要周旋的智慧和对相关法律的充分了解。

我们从800多个真实案例和学者研究中，总结出了家暴受害者难以逃离的五大原因。

（一）担心离开后遭到报复

很多时候，受害者鼓起勇气离开后，暴力行为仍然会继续，施暴者甚至可能会对受害者及其家属发出"死亡威胁"。这种担心并非空穴来风，瑞典犯罪学学者乔金·彼得森曾对家暴的风险展开研究，她发现，离开会导致受害者遭受的致命暴力风险大大增加。这是因为受害者的离开对施暴者来说是种挑衅，许多家庭恶性凶杀行为正是发生在伴侣分居期间。

（二）受客观条件制约

很多施暴者都是控制狂，他们会逼迫受害者断绝社会联系，失去可以就近求助的对象，或者劝说、强迫受害者辞去工作，再通过经济条件控制受害者。他们往往独揽家中的财政大权，以"净身出户"、失去孩子抚养权等作为威胁，阻碍受害者逃离。

（三）心理恐惧

暴力不仅会在受害者的身体上留下伤痕，还会造成持久的精神伤害。很多受害者因为长期遭受暴力，心理上几乎处于瘫痪状态，听到施暴者的名字都会瑟瑟发抖，陷入恐慌。有个心理学名词叫作"习得性无助"，指的是人接连遭受挫折，就会将失败归咎于自己能力不足，从而放弃努力，消极地应对困难。受害者表现出的软弱一面，比如不敢反抗、不敢离开等，其实都和这种心理状态有关。

（四）社会的质疑

不少施暴者善于伪装，在外一副友善礼貌的样子，懂得如何争取他人的喜爱和信任，树立良好的社会形象。因此，当受害者发出指控的时候，旁观者通常会难以相信，以为她们的控告存在夸大。得不到他人的信任和支持，会让受害者感到灰心、羞耻，甚至怀疑是自己的问题。此外，传统的社会观念也会束缚受害者逃离的脚步，比如担心他人的指指点点，不好意思"外传家丑"，或是要为了孩子保持家庭的完整，等等。人际关系错综复杂，而婚姻带来的是彼此对双方家庭的知根知底，因此一旦离婚，受到影响的就不会仅仅是夫妻二人，有时双方家庭的人都会由于所谓"婚姻丑闻"而颜面无光，无形中比其他家庭矮一截。真打算离开，就要做好破釜沉舟的准备。可惜的是，不少受害者因为害怕受到"道德审判"，宁可自我牺牲。

（五）心存幻想

很多时候，家暴并不是由孤立的暴力行为组成，它更像是一个死循环：发生冲突，施暴者付诸暴力，施暴者道歉，受害者原谅，短暂的"和好期"后再次陷入家暴。在"和好期"，施暴者往往会表现出体贴、温柔的一面，让受害者回想起曾经的美好时光，相信对方已经改变，从而对这段感情产生眷恋，迟迟不愿终结。

四、如何应对家暴

尽管逃离家暴不是易事，但我们仍有办法解决问题。通过分析施暴者的特征、受害者的顾虑，我们就能更好地采取行动从深渊中逃离出来。

（一）重视"第一次家暴行为"

施暴者第一次动手，通常带有一定的试探性质，可能是轻微打闹或是开玩笑地扇一巴掌，这个时候你一定要警觉。受害者在此时的应对非常重要，能直接决定对方的暴力行为是否会持续以及程度是否会升级。如果能够积极自救，勇敢对暴力说"不"，对方被威慑住，暴力行为可能就会按下终止键。

（二）及时自救，向外求助

自救的方式，既可以是自己对这段关系当断则断，也可以是向相关的机构、组织请求帮助。比如报警，拨打妇女维权热线（12338），就近向当地的公益律师、法律援助机构、民政救助管理机构或妇联、居委会、村委会及反家暴中心求助，向所在地的人民法院申请人身保护令（后面我们会讲到具体如何申请）。除此之外，还可以向对方所在单位进行投诉、反映或求助。

（三）懂得如何收集证据

根据全国妇联权益部2021年发布的《家庭暴力受害人证据指引》，在家暴发生时，以下几类证据是需要注意收集和留存的：

· 公安机关出警记录、告诫书、伤情鉴定意见；

· 居委会、村委会、妇联等组织机构的求助接访记录、调解记录；

· 受害人病历资料、诊疗花费票据；

· 实施家庭暴力的录音、录像；

· 身体伤痕和打砸现场照片、录像；

· 加害人保证书、承诺书、悔过书；

· 证人证言、未成年子女证言以及受害人的陈述等。

（四）不要相信施暴者的忏悔

绝大多数施暴者不会悔改，要懂得及时止损，不要心怀拯救对方的期待，也不要沉湎于他美好的一面。小虎说，自己会反复告诉求助者，不要相信施暴者那句"我会改，我真的知道错了"。有时候为了刺激求助者，小虎甚至会去搜索男方出轨的证据，给求助者反复观看那些再三原谅施暴者的女孩最终遭遇了什么，以此劝受害者不要天真，不要幻想成为那个"拯救施暴者"的人。

哪怕现实残酷，我们也要清醒地意识到：家暴这件事，不可原谅。

后记

家暴，是一个社会性的问题。我们不该让受害者与施暴者关起家门自行处理，也不该让受害者在困境中不停下坠。在家暴发生时，当事人表现出退缩与懦弱，外界的舆论漠不关心，都会助长施暴者的气焰。我们的每一次关注，每一次伸手，都不会是徒劳无用的。这些力量是一束束微弱的火苗，终有一天可以燎原。

被家暴后，如何申请"人身保护令"？

家暴，从来只有零次和无数次。在遭遇家暴后，不少人会选择分手或离婚，从根源上远离危险。但在有些情况下，因为施暴者不愿意，受害者贸然提出分开不仅无法实现，反而还会激怒施暴者，使受害者的处境雪上加霜，不过这并不代表受害者就必须继续忍耐。有一项名为"人身保护令"的制度，可以帮助受害者暂时远离施暴者，直至相关手续办妥后和施暴者彻底分开。

对家暴受害者来说，最痛苦的不是"我不能"，而是"我本可以"。

一、面对家暴的艰难尝试

央视新闻《面对面》栏目曾专访过一位"被咬掉鼻子的女人"，在日复一日的家暴循环中，她隐忍了十几年。她尝试过逃跑，但女儿竟成了丈夫要挟她的工具。女儿被迫跪在闹市的照片，在网络上疯传：胸前悬挂一张"找妈妈"的牌子，路人的指指点点几乎将女儿生吞活剥。于是，她再也忍受不了了，决定离婚。可就在她鼓起勇气与丈夫协商离婚的那天，丈夫的怒气瞬间爆发，咬掉了她的鼻子并吃了下去。鼻子可以通过整形再造，但她内心的伤痛无法被抚平……

"被咬掉鼻子的女人"的背后，是无数难以通过和平手段来结束恶性亲密关系的女性群体。这些女性的逃跑，是走投无路的无奈之举，是迫不得已，是没有办法的办法。她们寄希望于只要自己消失得够久，丈夫就会难以忍受，从而主动提出离婚。如果丈夫如她们所料地提出离婚，那么摆在眼前的难题自然也就迎刃而解了。

根据离婚的相关法律，如果一方下落不明或失踪满两年的，人民法院会判决离婚；对于下落不明或失踪未满两年，又没有其他证据证明夫妻感情已经破裂的，人民法院会判决不准离婚。

这么看来，逃跑的确是一种解决思路。但如果运气不好，遇上那种"坚决不同意离婚"的施暴者，她们也无可奈何，自己的下半辈子要么隐姓埋名，像逃犯一样心惊胆战地苟活；要么被迫回去，以法律上的夫妻名义继续过挨打挨骂的日子。

有的家暴受害者，出于种种原因无法逃跑，为了保命，情急之下选择反抗。可是以暴制暴并不值得提倡，也很容易触犯法律。湖南桃源县有一名女子，丈夫把她的头按向水坑，声称要淹死她，而她拿起木棒反抗，却不慎把丈夫打死，最终选择主动自首。法院认为女子的行为构成防卫过当，判决其犯故意伤害罪，判处有期徒刑6年6个月。由此可见，逃跑不是长久之计，受害者没有错，为什么要过东躲西藏的生活？而反抗大概率会激化矛盾，出现不可预料的后果，这两者都难以真正解决问题。

二、为什么离婚有时也解决不了家暴问题？

事实上，不少家暴受害者并不是不愿意离婚，而是离不了婚。她们的处境往往比我们想象中的更加艰难，要解决的问题也更加棘手。多数施暴者性格暴躁且控制欲强，不会轻易放过伴侣，也会被伴侣的自救行为激怒，从而升级暴力手段，甚至严重威胁对方的生命安全。从离婚诉讼开始到正式离婚，这中间等待的时间，都会极大地增加家暴受害者的危险。家暴受害者不仅需要担心自己的安危，自己家中的小孩、老人也可能成为受到牵连的对象。在某些情况下，即便双方顺利离婚，施暴者也可能通过各种方式找到受害者的新住所，继续骚扰和攻击受害者。

2022年，一位母亲带着女儿在上楼回家的途中，被身着雨衣的男子袭击，而后遭到了拖拽、殴打、性侵。

这样令人难以置信的事情就发生在这位母亲的家门口，而施暴者正是她的前夫。楼道里的监控记录下了母女遭遇袭击时的惊魂瞬间。当天傍晚18时许，一名蓝衣女子从楼下上来，掏出钥匙打开家门，她身后跟着一个穿红裙的小女孩。女子单肩背着儿童书包，看起来像是刚接女儿放学回家。楼道的灯光闪烁了几下，女子疑惑地抬头看了看，想知道哪里出了问题。正当她被转移注意力时，危险发生了：一名身着雨衣的男子从楼上猛然冲下来，一把将女子抱入屋内，并随即将小女孩拽入屋内。小女孩几乎被拽得双脚离地，弱小的她试图抱住门，还拼命蹬了几下楼梯。可在绝对的力量差距下，一切挣扎都变得不起作用。从男子出现到门被关上，整个过程不到10秒。监控画面似乎静止了，只剩下屋内不断传出的惨叫声。20分钟后，男子重新出现，裸露半身在门口调试电箱，那对母女却不见踪影。

第二天，当地警方发布了警情通报：视频中的母女暂无大碍，男子已被刑事拘留。这对男女一个月前刚办理了离婚手续，男子此次纠缠，是想逼迫前妻复婚。

三、每位女性都必须了解的"人身保护令"

面对施暴者，难道我们真的无计可施了吗？并不是，人身保护令是专门针对家暴情况出台的制度，能够帮助受害者摆脱施暴者的骚扰和控制。其实，这项制度从2016年实行《中华人民共和国反家庭暴力法》开始就已经存在。到2023年，我国共签发人身安全保护令1.5万余个，签发率从2016年的52%提升到

189

2022年的77.6%。人身保护令的适用范围也越来越广泛，夫妻和情侣间遭遇暴力和骚扰，受害者都能申请。

不过，我们也应注意，相比全国妇联"2.7亿个家庭中约30%的已婚妇女曾遭受家暴"的数据，人身保护令的签发数量远远不够。主要问题在于人身保护令的普及率低，很多人不知道有这项制度，也不知道如何申请，同时家暴认定举证难，法院认定率也低。

从2022年8月1日起开始施行的《最高人民法院关于办理人身安全保护令案件适用法律若干问题的规定》，对人身保护令进行了修订，提供了新的执行思路。制度完善后，之前出现的一系列难题也有了解决的办法。

（一）申请人身保护令的条件

申请人身保护令，首先要符合三个条件：有明确的被申请人（施暴者）；当事人有具体的请求；当事人有遭受家庭暴力或者面临家庭暴力现实危险的情形。以前家暴认定，要到"高度可能性"，现在改为"较大可能性"，只要你认为自己有可能遭遇伤害，就能申请人身保护令，预防受到伤害。除了肢体暴力，言语威胁、发骚扰短信、跟踪、诽谤都属于家暴。当事人不局限于婚姻关系中，恋爱、追求、同居、分手等多种情况都被涵盖在内。

（二）如何申请人身保护令

当事人遭遇家庭暴力或者可能遭遇家庭暴力，都可以向法院申请人身安全保护令。申请时不需要提起离婚诉讼，申请后也可以不离婚。遇到当事人无法进行申请或不会申请的特殊情况，近亲属、其他有关组织和个人还可以代为向法院申请。法院会在72小时内做出裁定，确认是否发布人身安全保护令，如遇特殊情况，会在24小时内发布。

（三）能够佐证家暴存在的证据

· 当事人的陈述；

· 公安机关出具的家庭暴力告诫书、行政处罚决定书；

· 公安机关的出警记录、讯问笔录、询问笔录、接警记录、报警回执等；

· 被申请人曾出具的悔过书或者保证书等；

· 记录家庭暴力发生或者解决过程等的视听资料；

· 被申请人与申请人或者其近亲属之间的电话录音、短信、即时通讯信息、电子邮件等；

· 医疗机构的诊疗记录；

· 申请人或者被申请人所在单位、民政部门、居委会、村委会、妇联、残联、未成年人保护组织、依法设立的老年人组织、救助管理机构、反家暴社会公益机构等单位收到投诉、反映或者求助的记录；

·未成年子女提供的与其年龄、智力相适应的证言或者亲友、邻居等其他证人证言；

·伤情鉴定意见；

·其他能够证明申请人遭受家庭暴力或者面临家庭暴力现实危险的证据。

（四）人身保护令实施后有哪些保护措施

·禁止被申请人实施家庭暴力；

·责令被申请人迁出申请人住所；

·禁止被申请人骚扰、跟踪、接触申请人及其相关近亲属；

·禁止被申请人以电话、短信、即时通讯工具、电子邮件等方式侮辱、诽谤、威胁申请人及其相关近亲属；

·禁止被申请人在申请人及其相关近亲属的住所、学校、工作单位等经常出入场所的一定范围内从事可能影响申请人及其相关近亲属正常生活、学习、工作的活动。

单看条例，大家可能还不是那么好理解，下面我们将以成功申请人身保护令的陈女士为例，教大家如何灵活运用这项制度。

陈女士的丈夫，经常因为一些生活琐事对她拳脚相加。遭遇家暴多年来，这是她第一次报警。之前陈女士觉得家丑不能外扬，没有寻求过居委会、妇联、派出所等机构的帮助，只求助过家里的父母和其他亲戚。但亲戚的劝解没有什么实质作用，陈女士的丈夫过不了两天就又对她施加暴力。到派出所后，民警告诉她可以申请人身安全保护令，可她没有文化，不懂法律条文。于是派出所民警和妇联工作人员协助她在网络平台上申请，不用她亲自上法院申请。民警上传资料后，法院就能看到案件的全部信息，由于危险的事实存在"较大可能性"，从防范和预防的角度，法院决定通过申请。因为证据的标准和种类明确，程序走得很快，72小时内便可以完成签发。

人身保护令签发当天就会生效，除了会送到双方当事人手中，还会送达居委会及相应的公安机关，它们都有相应的协助义务，督促保护令的执行。 在这期间，陈女士的丈夫被禁止实施家庭暴力，也不能骚扰、跟踪、接触陈女士的亲属。为了保护自己的安全，陈女士还可以要求丈夫搬出自己的住所。如果陈女士的丈夫违反规定，法院便可以根据情节轻重，对他处以1000元以下罚款、15日以下拘留，甚至可能追究其刑事责任。

人身安全保护令，有效期不超过6个月，如果到期后，陈女士依旧没有摆脱家暴困境，她还可以申请续签。人身安全保护令，给了被家暴的人一定缓冲期来考虑是否要离婚。如果决定离婚了，就可以在诉讼期间保护自己的安全。对难以逃离家庭的未成年人和老人来说，人身保护令也可以降低在日后的生活中继续受到伤害的可能性。

后记

许多家暴受害者存在着一个认知误区：家庭暴力是家务事，是一种隐私，不可对外宣扬。然而这种惯性思维，不仅会助长施暴者的气焰，也会让自己及其他家庭成员处于更大的潜在风险中。

在讲述家暴困境的美剧《女佣》中，有这样一句台词："大多数女人最终决定离开前，需要七次尝试。"

人身保护令制度可以有效地减少受害者尝试的次数，帮助受害者尽快脱离困境。在这个世界上，没有任何制度可以承诺给人幸福，但应该有制度可以使人避免不幸。如果这个制度已然存在，那么我们应该做的，就是让它被更多人知道。

第四章
Part
4
危险时刻，如何自救

心生怀疑的时候，"不一定"会发生最坏的事，

但是一定藏着发生坏事的概率。我们应该做的是顺应

"安全意识"本能，努力把发生坏事的概率降到零，

而不是顺从侥幸之心，去赌那个"不一定"。

安全意识很重要，
如何从恶魔手下逃生？

· 安全意识 ·

说到"安全意识"，可能大家会觉得这是本能，毕竟谁都不希望受到伤害。但不妨自我测试一下，假如在生活中遇到以下情况，"安全"真的是你的第一反应吗？

"晚上你独自坐网约车回家，原本一直在低头玩手机，抬头却发现回家的路有点陌生。"

"晚上回家的路上，你发现有个男人一直跟在你身后。"

"早高峰拥挤的地铁上，身后仿佛有人总在有意无意地蹭你。"

"深夜你独自在家，突然有人敲门说自己是警察，要进来检查。"

以上这些都是我们在生活中非常容易遇到的场景，而因为常见，人们很容易放松警惕，或者产生侥幸心理：

"他应该只是因为堵车，所以抄了近道吧，可能我想多了。"

"应该只是偶然吧，他可能刚好跟我一个方向。"

"地铁上这么挤，不小心碰到也很正常。"

"万一搞错的话，多尴尬，像个神经病。"

心生怀疑的时候，"不一定"会发生最坏的事，但是一定藏着发生坏事的概率。我们应该做的是顺应"安全意识"本能，努力把发生坏事的概率降到零，而不是顺从侥幸之心，去赌那个"不一定"。

一、血淋淋的事实告诉你，安全意识有多重要

（一）喝下一口水后，她遭遇了迷魂药绑架

2019年1月，一个叫凯伦的中国女孩，在菲律宾旅行时遇到了一个当地中年女人。她善良热情，有素养，对凯伦照顾有加，不仅介绍自己的家人给凯伦认识，还邀请凯伦一起参加弥撒、出去玩。凯伦觉得这个中年女人太自来熟了，看上去就不合理，但又拗不过对方的热情，便答应了她的邀请。

凯伦坐上了这"一家人"的车，喝了他们递来的水，然后就失去了意识。再醒来时，她发现自己回到了酒店，所幸身上没有任何伤痕，但卡里被取走了5万元人民币。

凯伦是个有12年旅行经验，一路谨慎小心的专业旅行者，却被一次"侥幸念头"干扰了求生的直觉。

坠入深渊，有时只是因为你"心软"了一次。万幸的是，这一次，对方只谋财，没有想害命。

（二）安全意识救了她的命

接下来要讲的这个女孩可就没有那么幸运了。2018年8月，20岁的温州乐清女孩在乘坐滴滴顺风车时遭到司机奸杀。当发现司机将车驶向偏僻的山路时，她立刻向朋友求助。朋友立马报警，向滴滴客服询问司机信息。女孩的警惕心很强，反应也很迅速。只是很可惜，滴滴客服反应滞后，不然，这个年轻的生命或许可以挽救。

事实上，就在女孩遇害的前两天，该顺风车司机就已经用同样的套路试图作案。幸运的是，那个姑娘警觉心更强，试探出司机意图后，要求立刻停车，推开车门就向远处跑，还拍下了车牌号。"安全意识"让她逃过了一劫。

（三）教科书般的逃生范本

2014年，24岁的小瑾一个人去巴黎旅行，没想到却经历了一场惊悚的"飓风逃亡"。凌晨，她被酒店的电话吵醒，一个"前台工作人员"要求她必须下楼核实信息。她深知巴黎犯罪率高，但还是下了楼，好在她提前了解了逃生路线。

小瑾到了前台后，发现前台一个人也没有，门外却有一辆白色面包车，车门敞开，一个中东男人站在门前。一个身材高大的黑人男子快速朝她跑来，伸手就要抓她。她反应迅速，跑回电梯，按下4到8层的按钮，并在4层下了电梯，同时敲响酒店的火警报警器，躲进保洁间——这样能最大可能避开绑匪的寻找路线。火警响了一阵子，外面的人也多了起来，她才觉得安全了，从保洁间走了出来。

后来，小瑾得知真相：酒店前台有专门跟法国黑社会联络的内鬼，专找独自住在高级酒店的人下手，男的劫财，女的抓走卖掉。她的这场逃生，被大家称为"教科书般的逃生范本"——提前预判可能发生的最坏情况，做好准备，保持清醒，把"活下去"的可能紧紧攥在自己手里。"我现在非常佩服自己的冷静分析，当时哪怕任何一个环节判断失误，现在我的命运就截然不同。"小瑾事后这样感慨道。

保持安全意识，不是忍气吞声，哀求对方放你生路，更不是盲目地大声呼救，而是保持冷静，注意观察，机智地与不法分子过招。在危险面前，每一个判断，每争取到的一秒，都有可能救你的命。

二、怎么强化自己的安全意识?

保持安全意识，说起来简单，可真碰上事，我们大多数人都很容易被其他因素干扰。粗心大意、有侥幸心理、胆小惊慌、一时心软……都可能要我们的命。

怎么让安全意识在关键时刻正常发挥作用呢? 我们需要事先建立一些"认知"，有意地训练，将之培养成习惯，融入自己的本能中去。

199

（一）在安全问题上，永远要杞人忧天

2018年，中国司法大数据研究院发布了一份名为《网约车和传统出租车服务过程中犯罪情况》的研究报告，报告显示：在网约车司机实施的案件中，61.11%为临时起意，强奸和故意伤害案件的比例为57.12%；在传统出租车司机实施的案件中，49.71%为临时起意，强奸和故意伤害案件的比例为61.72%。这两个比例都很高，你永远不知道面前的陌生人心里在想什么，下一秒会做什么。一开始可能只是一个口头骚扰，看你没反应，便猜想你不敢反抗，随后骚扰升级，一个危险的念头冒了出来……

递给你的那瓶水，一个善意的帮忙，陌生人的搭话、试探，一句口头的调戏，大街上的跟踪……任何一个侥幸，都可能让你陷入危险之中：绑架，拐卖，性侵，纠缠，抢劫……你知道被卖进大山的女人吗？你听说过国际人口贩卖吗？你看过在暗网贩卖女性的故事吗？请牢记：如果我不提高警惕，采取行动，就可能遭遇这样的危险。

（二）凡事做好事前安全预防，想好退路

设置好手机紧急联系人，保证能第一时间联系到靠谱的朋友；进入酒店、大楼，观察逃生通道、前后门，了解电梯和楼梯的位置；熟悉家门口的每一条街道，路边的每一个店铺，包括超市出口、拐角通道……在回家时，你甚至可以做个行动演习，保证任何时候遇到跟踪、尾随都能有办法摆脱。

此外，多关注安全科普，学习安全技能也很重要，比如被困后备厢该如何逃生、遇到危险该怎么求救、遭遇跟踪该怎么应对……

将相关技能牢记在心，万一真到了这一步，你可以通过这些技能"逃命"。

（三）宁愿被人当成"不近人情"的神经病，也不要拿生命去赌一次侥幸

美国心理学家玛丽·科斯的一项针对"熟人强奸"的调查显示：84%的强奸受害者认识攻击她们的人，57%的强奸发生在约会当中。希望你可以树立这样的"黑暗森林法则"意识："所有男人都是潜在的强奸犯，所有陌生人都是潜在的罪犯。"我知道这句话可能很"偏激"，也对男性很不友好，但在安全问题上，这对女性来说很有必要。请把它默默牢记在心，随时保持警惕。毕竟很多人在遇到危险时，总有侥幸心理，甚至会因为不好意思、拉不下脸，而不采取实际行动，错过最佳的求生时间。

三、女性安全，需要全社会的守护

除了"自保"，社会安全保障方面的救助机制也渐渐完善

起来，才能让大家更有安全感。在"乐清女孩滴滴遇害事件"中，她的亲友在接到求救信号后立即向滴滴客服寻求了帮助，并一直催促解决问题，却被告知"请耐心等待，将有安全专家介入处理"。如果滴滴客服能第一时间报警，而不是走流程"打太极"，恐怕悲剧也不会发生。

　　一方面我们要学习安全知识，树立安全意识，从而保护自己；另一方面，遇到求助或发现有人遇到危险时，我们也一定要启动自己的"安全意识"，施以援手，不要袖手旁观。我们团队里有个小伙伴曾在地铁口目睹过一场纠纷，一个女孩被一个男生拉扯，并被抢走了手机。周围的人见状纷纷站出来制止男生，并让他把手机还给女孩。大家还问女孩："你认识他吗？不认识的话，我们就报警了！"后来证明只是情侣吵架，大家才离开。

　　很多时候，你的一个善意的帮助，一句质问，一个报警电话，都可能让一个女孩免于遇害。当你察觉到有危险时，要立刻采取行动，开始呼救。不要在乎别人怎么看怎么想，不要拿面子去赌侥幸，更不要做冷漠的旁观者。

　　我们回到本文一开始的问题，下列场景中，正确的应对做法是什么？

　　"晚上你独自坐网约车回家，原本一直在低头玩手机，抬头却发现回家的路有点陌生。"

　　试探对方的意图，然后想办法下车："师傅，我有点晕

202

车，马上要吐了，我就在这里下车吧，不好意思。"

"晚上回家的路上，你发现有个男人一直跟在你身后。"

转身穿过马路或走进便利店，观察对方是否故意跟踪。如是，可找店员或路人求助报警，摆脱跟踪。

"早高峰拥挤的地铁上，身后仿佛有人总在有意无意地蹭你。"

直接揪住对方，呵斥对方，并报警。

"深夜你独自在家，突然有人敲门说自己是警察，要进来检查。"

拒绝开门，问警号，并打电话报警查证。

后记

对女性来说，时刻保持安全意识，小心翼翼地应对各种危险，其实是一件麻烦的事。但我仍旧希望大家能耐下心来，看完并记住相关案例和逃生方法，在生活中能时时留个心眼。

保持警惕不是被迫害妄想症的表现，而是根据血淋淋的现实案例总结出的经验教训。只有提前了解，心存防备，将安全意识牢记在心，才能够在需要的时候随时用上，让自己避免危险，争取生机。当然，希望我们都不会有亲身经历这一切的那一天。

独行安全攻略，让你远离危险

· 独行安全 ·

随着疫情大流行的结束，大家的旅游热情都很高涨。文化和旅游部发布的数据显示，2023年上半年，国内旅游总人次近24亿；根据中国旅游研究院的报告，出境游人次也超过了4000万。安排好行程，订好机票酒店，收拾好行李……每个外出旅行的人都期待暂时远离日常生活中的鸡零狗碎，享受一段愉快无忧的时光。不过，我们不得不给各位女孩泼泼冷水——你真的已经准备好面对旅行中小到丢失财产，大到威胁性命的种种危机了吗？

毋庸置疑，独自出行时，我们对安全的重视是必不可少的，否则后果不堪设想，比如2017年的章莹颖案，就是受害者在美国时因误信杀人犯的说辞独自搭上对方的车才遭遇不幸的。此外，还有很多女孩在独自外出学习、工作、旅行的时候，也遭遇了种种危险或与危险擦肩而过。

在真正的危险面前，我们的力量可能难以与之抗衡，但总有一些办法，能让我们尽可能地避免陷入这样的危险或者从这样的危险中逃离。

一、买好必要的保险

如果是国内出行，大家通常没有事先投保的意识，因为相对国外来讲，意外事件处理起来方便很多，也不会有语言不通、不懂制度的问题。如果去国外旅行，一些旅游签证会明文规定，游客需要购买旅游保险。这时候不要嫌麻烦，一定要弄明白保险的服务条款，精挑细选适合自己的保险，包括意外伤害险和事故险等。

在如今这个无比便捷的时代，我们直接去正规保险公司购买旅游保险套餐就可以。

二、备份重要文件

在国内，我们已经习惯用一部手机办好所有的事，身份证件、机票、车票、银行卡等都有电子版，移动支付更是解放了钱包。可在国外，纸质版的各种文件和实体卡仍然非常重要，这就需要我们提前做好备份，扫描复印件，以防原件丢失误了大事。

除了复印件，还可以把扫描出来的电子版文件发到自己的邮箱或者微信，必要时用来出示或者临时打印。常用的重要文件包括：身份证（正反面）、护照个人页和签证页、酒店预订单、机票订票单（不等于机票本体）、银行储蓄卡/信用卡（正反面）、保险保单以及其他你认为不能丢失的重要文件。

三、注意穿着

有的国家或旅游景点对女性的着装有特殊要求。整体上来说，欧美澳国家的性别文化氛围相较亚非拉国家更为开放，一些比较出名的"对女性不友好"的国家，尽量别一个人独自去，如果一定要去，穿着上要保守一些。准备出发前，你可以在网上找一些当地新闻的照片，看看当地的普通女性如何打扮，往当地人常穿的方向靠就可以（民族服饰、宗教服饰慎穿）。如果到了当地发现准备的衣服不合适，临时购买也行。

有两类衣着需要格外注意。一是暴露程度比较高的衣服，比如吊带装、超短裙、热裤、比基尼等，不是所有地方都能接受。在某些色情业发达的地方，这还可能引起不必要的麻烦。作为外来者，就不要挑战当地文化了。二是一些特殊的装扮，比如汉服和Lo裙、JK制服、COS服等二次元文化服饰，它们都会让你显得与众不同，并宣告你的某种身份（国籍、民族、爱好等）。你可以先在网上查询类似装扮在当地的日常生活中能否被接受，再决定要不要穿着它们出行。请牢记：在安全面前，美丽无足轻重。

四、有在当地可信任的人脉就尽量利用

正所谓"在家靠父母，出门靠朋友"，如果出行目的地有自己或亲友认识的、确认可以信任的人，不用太羞涩，可以主动联系对方。一来，对方可以为你提供当地好吃好玩的信息，免得你"踩雷"，进入各种专坑游客的"雷区"；二来，万一出了什么事，有个当地人帮忙总是更好的，比如解决语言不通的问题、借助对方的应急经验、自己出意外时让对方代为联系家人等。当然，有些人并不希望自己出门玩时还要进行"和亲戚吃饭"之类的社交，对此我很能理解，如果实在觉得应付不来，也不要太勉强自己了。

五、掌握当地的报警方式和中国领事馆的联系方式

不是所有国家的报警电话都是110，火警和急救电话也因国而异，所以事先了解并记下来很重要。

如果你觉得仅仅记下来不够，还可以做以下准备：

1. 学习用当地语言说"救命""警察""医院"等词，提前在手机上下载即时翻译软件；

2. 上网查询其他人分享的在当地报警、急救、医院看病的经历，心里有个底；

3. 了解当地警察、军人的制服样式；

4.设置好手机的快速拨号和紧急报警功能。

另外，记得登录我国外交部的官网，查好并记下我国在对应国家及城市的领事馆的联系方式。如果你在当地有签证、护照、公证等方面的问题，可以联系他们。当然，如果遇到危及人身生命的重大问题，也可以及时联系官方驻外机构寻求帮助。

六、注意目的地近期的局势

我们上中学政治课时，都学过这么一个知识点：目前及今后一个时期，国际形势的基本态势是总体和平、局部战争，总体缓和、局部紧张，总体稳定、局部动荡。在打算前往或途经一些近期有敏感事件或战乱发生的地区时，心里要有底。最好不要前往或路过这些地区，如果无法避开，就提前和亲朋好友沟通好，随时汇报情况，一定要提前准备好应急用品和紧急联络方式。切记，不要掺和当地的敏感活动。

七、多向家人、朋友汇报行程

如果经常关注社会新闻，就会发现很多案件的开端都是"独自在外失踪、失联"，尽管其中不乏乌龙事件，但更多的时候是真出了命案。即便是闹了乌龙，也会让家人非常担忧。

所以，千万不要吝啬于和亲友保持联络、汇报行程。在旅游开始前，就应该把自己即将抵达的地点、停留时间、相应联系方式一五一十地告诉可信任的亲近之人。这不光是为了保障你自己的安全，也是为了防止在你出行期间，家里出了什么事却联系不上你的情况出现。

不要把你的具体行踪暴露在公开的社交平台上（比如微博、微信朋友圈等），特别是住宿处的定位加上可以确定房间号的照片，千万不要公开在网上，要警惕不怀好意的人。

至于保持联络的方式，国内的就不用赘述了。如果是在国外，除了短信和电话，可以在出行前购买相应运营商的境外流量包（看好有效期限、加量方式、生效地区），或者租个移动Wi-Fi。如果在国外待的时间比较久，也可以购买当地的手机卡（手机最好是双卡双待的，留一张国内的卡在手机里，或者带两个手机），最便宜的那种就行，多听听留学生和定居当地的华人怎么说。

八、防盗防抢防骗，随时保持警戒

防盗防抢防骗，我们在日常生活中得注意，到了一个国情迥异的地方得加倍注意。即便是在我们熟知的"发达国家"，也不能掉以轻心。如果你在某国地铁上看到"盗窃案频发，请注意财物"的标语，别惊讶，也别抱有侥幸心理，那都是无数游客倒霉经历的写照。比如，去过欧洲旅行的人都知道，东欧和南欧的小偷、骗子猖獗，那些在广场上给你戴饰品的、主动引你去"参观景点"的、"不小心"撞到你身上的、自称老乡和你搭讪的……大部分都是想顺走你的包，或者讹你的钱。不要让财物离开自己的视线，将双肩背包套挂在身前，裤子后兜不要放重要物品，也不要让陌生人随便近身。另外，尽量不离开公共场所，不去陌生人家，不搭陌生人的车，不要让自己喝醉，陌生人给的，离开过自己视线的饮品、食物统统都不要碰。

后记

虽然介绍了很多危险情况，讲解了很多注意事项，不过我的本意并不是吓唬大家，让大家大门不出、二门不迈。如果不能亲自去大千世界走走，开阔视野，增长见识，锻炼心智，我们只会渐渐变得脆弱不堪，那是看再多的"自保秘籍"也无法弥补的。一个看起来无知、不自信的女性，在任何地方都更容易被坏人盯上，受到欺负和伤害。遭遇犯罪和意外事故本身就是小概率事件，人身受到伤害更是小概率中的小概率事件，做好意识上的和实际上的准备，事前预防，并在危险来临时想好退路，我们还能把这个概率降得更低。

成千上万个酒店门口，
总有坏人要拖你走

· 酒店安全 ·

出门在外，不管是旅游也好，出差也罢，难免要住酒店、客栈或者民宿。但你是否想过，普普通通的住宿也可能暗藏危机？随便在网上一搜，就能看到很多关于酒店安全的新闻：大半夜被敲门、入室盗窃、猥亵、团伙作案、绑架、抢劫……

在相关话题下，很多人都会分享自己住酒店的经历，听起来让人毛骨悚然。比如2017年2月，大理就发生过一起"客栈老板猥亵女住客"的案件，老板凌晨2点擅自用管理卡打开了女游客的房门。"酒店门锁在很多情况下都形同虚设"——如果你还不相信这一点，一定要好好阅读本文，提高自己对"住宿安全"的重视程度。

一、酒店客房的门有多容易打开？

2017年6月，女子偶像团体SNH48成员林思意在微博上讲述了自己的"酒店惊魂"经历。她入住酒店后，半夜被陌生男人敲门不止。通过猫眼，她发现男子赤裸着上身，大声嚷嚷着要进门。于是，她打电话联系了酒店的前台工作人员，对方这才心虚地走开。4天后，林思意在另一家酒店入住，早上醒来时发现大门的防盗链断了。调了监控发现是保洁阿姨走错了房间，刷卡后推不开门，一用力就使得防盗链从中间断成了两截。通常来说，金属防盗链安装在客房门里侧，配合门锁同时使用。挂上防盗链时，门只能打开5—8厘米，确保人无法侧身通过，甚至手也无法从门外伸进去打开门锁和链扣，因此可以防止开门的人遭遇门外人员的袭击。可事实上，这种防盗链并没有我们想象中那么强的保护作用。首先，它是环形的，由一个个金属小环穿起来，链接口脆弱的话，用蛮力就能弄断。而且，如果歹徒备有钳子之类的工具，可以强行剪断大多数防盗链。所以如果歹徒带着工具来，防盗链毫无作用。值得庆幸的是，这次只是酒店保洁人员的无心之过，并非歹徒有预谋为之。

2021年7月31日，一位叫花花的博主入住上海市的全季酒店。因为活动行程繁忙，她到当天凌晨3点多还在和客户沟通工作。她没有发现，2分钟前一个全身赤裸的男人潜入了她的房间。在她埋头发信息的时候，这个男人蹑手蹑脚地四处走动，检查玄关、卫生间等地方有没有别人。这是一些"惯犯"会用的套路：通过观察、跟踪等，来确定女孩是否独居。花花发现他时，这名赤裸的男子已经站在她的床尾试图接近她。虽然害怕，但她还是喝止了男子："你是疯了吗？你干吗？你是不是有病？"这个男人居然理直气壮地说："装什么装呀，你门开着不就是让人进的吗？不就是为了让人来玩的吗？"强忍着恶心和恐惧，花花用一阵怒吼把男人逼出房间，随后把房门锁好。在确认自己安全的情况下，花花随即联系酒店前台报警，要求查看监控。一开始，酒店经理不同意给花花看监控，声称"只有警察能看"。但她不依不饶，声称这已经威胁到她的人身安全，酒店不给看就有包庇的嫌疑，经理这才松口。于是，花花在监控中看到，骚扰自己的裸男是有预谋地在酒店"碰运气"。从凌晨2点21分开始，在40多分钟里，他赤裸着身体流窜在酒店的7—10楼，挨个房间试着开门。他之所以会这样做，很可能是因为他是个熟悉全季酒店安全漏洞的"老客"。有不少网友表示，全季酒店的房间门有时因为门板故障没有及时维修，很容易出现关不紧的情况。而且，没关上门，门卡系统的提示音量也几乎听不见。因此，住客可能就会忽视这扇实际上并没有合拢的门，无意间让自己置于危险之中。在这名男子敲门、推门试探的时候，7楼有位住客听到声响，立即向酒店投诉。由于男子也是酒店住客，工作人员并没有将他驱赶出去，而是仅仅将他带回他自己的房间，观察短短2分钟后就了事。随后该男子再度出门，发现花花的房门没有关紧，便潜入进去。花花报警后，警方迅速到达现场，逮捕了该男子，对其处以行政拘留5天的处罚。

在这起突发事件中，花花有许多做得好的地方：从质问、逼退男人，联系前台报警，到强烈要求看监控，坚持追责，反应速度很快，并且以安全的方式实现了维权。不过，这种事情还是让人后怕。酒店房间一旦入住，就相当于我们私密的住所，它的安全性是非常重要的。但事实上，很多时候我们外出住酒店，竟成了冒险，酒店安不安全要碰运气，房门可能关不紧、房卡可能拿错、房门可能随时被打开、可能遭到陌生人的骚扰……这些事，让很多女孩对外出旅行多了几分恐惧。

那么，酒店门锁究竟有多不安全？我上网查询了很多真实案例，并将这些安全隐患梳理了一下。

二、如何打开酒店房间门?

（一）酒店特殊房卡

这种特殊房卡，大多数酒店工作人员都有，住酒店时房门异常被打开主要有两种可能。一种是因为误会，工作人员弄错了房卡，让其他房客、保洁人员或管理者进了门。这类事件一般对房客的伤害不大，但会让人吓一跳，让人没有安全感，后续住酒店都会心有余悸。另一种是有人有预谋地破解门锁开门，这就比较可怕了，比如大理客栈猥亵案。如果酒店在招人时没有进行严格筛选，工作人员临时起了歹意，又或者工作人员的房卡丢失，被坏人捡到利用，那没有人能够安全逃脱。即使不是酒店的员工，通过复制获得特殊房卡也很容易，安全隐患很大。芬兰有两位安全员通过研究发现，酒店的房卡使用的都是RFID技术（无线射频技术），只要通过网络购买复制卡片数据的硬件和网络工具，就可以用任意一张酒店房卡，打造出一张在酒店内畅通无阻的"万能卡"。

还有一点值得注意，酒店给住客房卡的时候通常会有一个纸卡，上面写着房间号等信息。很多人为了防止自己记错房间号，一般会将房卡和纸卡放一起。但如果一不小心弄丢了纸卡的话，个人信息就可能会泄露。建议大家住酒店时，纸卡和房卡一定要分开放，把房间号记在手机上也行。每次办入住时，可以小声提醒酒店服务人员："不要报房号，写在便签上，我自己去找就好。"这是以防万一，减少个人信息泄露，避免让陌生人知道自己的房号，防止不怀好意的人定点作案。

（二）一张卡纸就能打开房门

我们团队中有一位姑娘有一次忘带家门钥匙，当时找了一个开锁师傅，本以为怎么也得动动锤子、扳手之类的，结果师傅用一张银行卡就打开了房门，赚走了她200元。类似这种用简易"工具"开锁的方法并不少见，比如一张够薄、有一定硬度的卡纸，就能轻松从门缝中插进去，将房门打开。

（三）用橡皮筋搞定防盗链

有人可能会说，虽然房门容易打开，那如果我拴好了防盗链，坏人是不是就进不来了？其实不然，我们都知道，防盗链虽然能阻挡人进入，但门打开的缝隙足以让手掌伸进去。外面的人只要用一根橡皮筋就能将拉锁拉开。

（四）利用猫眼轻松开门

把房门上的猫眼卸掉，然后用钩子伸进去，就能很轻松地打开房门，这实在太可怕了，房门上的猫眼竟也会成为坏人作案的工具。所以，平时入住酒店的时候，可以在猫眼那里塞一个纸团，堵住猫眼。

值得注意的是，除了利用猫眼开门，还有一种叫"反猫眼观察镜"的设备。它就相当于一个反向的放大镜，能透过猫眼直接看到房间里的情况，你在房间里的一举一动，都会被门外的人看得清清楚楚。因此，在不用的时候，用纸团堵住猫眼可以降低我们遭遇危险的可能性。

（五）民宿安全问题

很多年轻人外出旅行都喜欢选择民宿，觉得更接地气，毕竟周围都是当地居民，可以更好地融入当地的生活。但与此同时，民宿的安全问题也引起了大家的高度关注。比如曾经就有新闻报道过一个去日本旅游的韩国女生，在民宿里遭到了房东性侵。民宿是房东自己的房子，所以每个房间房东都有钥匙，如果碰到坏心眼的房东，你的房间门锁对他来说就形同虚设。我们不排斥外出旅行时住民宿，但大家该有的警惕心必须要有，提前规避风险。

如果你出行选择民宿的话，一定要给自己买一份出行保险，挑选民宿的时候也要仔细挑选房东。有的民宿平台，比如爱彼迎每3个月就会对房东进行一次综合评价，你可以根据房东的评分、自我介绍、回复率和是否取消订单进行初步评判。选择民宿的时候尽量不要选择太偏远的地区，房东提供的食物能不吃就不要吃。

三、独自住酒店，如何睡个安稳觉？

很多人觉得，只要酒店够高级，安全就有保障。但事实是，并非有钱就能解决一切。新浪财经的专栏作者赵伊辰曾撰文细数高档酒店的安全隐患：门卡一样会被复制，防盗链不比经济酒店的结实。更让人担忧的是，住高档酒店的人通常都会有这样的心态："我住的酒店这么好，肯定不会有问题。"从而容易掉以轻心，放松警惕。

关于保证酒店住宿安全，总结下来我们能做的就是：观察房间内有无异样，反锁房门挂安全链条，堵好猫眼，装个阻门器。

需要特别提醒的是，如果半夜遇到有人敲门，切记不要立刻打开房间里的灯。因为假如此刻站在门外的是坏人，处于黑暗中，外面的人是无法通过"反猫眼观察镜"看到房间里面的情况的；而一旦你打开灯，外面的人就能立刻判断这个房间有几个人，住的是男人还是女人，以及在干什么。如果是狡猾熟练的歹徒，根据开灯这一两分钟里看到的信息，他就可以有个大致判断，从而反过来威胁你。这是我们的一个朋友在做安全培训的时候说的，他曾亲身经历过类似的事情。当时他和妻子在外旅行住酒店，半夜突然有人敲门。他起身打开猫眼一看，一帮看起来像黑社会的人正拎着棍棒、抽着烟站在门外。因为受过相关训练，他很冷静，没有开灯，观察之后，他选择给前台打电话，并告诉对方如果不来解决，他就立刻报警。他打完电话没过多久，门外的人就离开了。

很多人遇到突发事件的时候，都会下意识地把自己置于自我感觉安全的情境中，觉得开灯是最安全的。殊不知这反而打破了"坏人在暗我也在暗"的平衡，将自己暴露在歹徒掌控的局势下。事实上，我们这时应该做的是不要开灯，立马拨通前台电话，或者报警。假如真的遇到麻烦了，也要告诉自己保持冷静，大声呼救，不要放弃希望，有时候喊"着火啦"会比喊"救救我"更好用。

至于酒店门的安全问题，前面提到的防盗链这类门阻装备真的管用吗？我们研究了几个类型，总结归纳了它们各自的优缺点。

（一）报警器

如果觉得酒店门自带的防盗链有隐患，不安心，可以把房间里的凳子抵在门上。不过凳子本身很轻，所以如果坏人想破门而入的话，还是可以轻松闯入。网上有人推荐，在宾馆房间的门把手上放个玻璃杯子，外面的人推门时玻璃杯掉到地上会发出声音吵醒房客。可说实话这个方法挺不靠谱的，如果晚上睡得比较沉，玻璃杯掉地上的声音可能无法"吵醒"一个人，就算吵醒了，对方很快破门而入，那时你做什么防护都已经来不及了。有一种插销报警器，可以挂在门上，如果有人打开你的房门，就会发出120分贝的报警声，可以震慑坏人。

上述几种办法，它们的作用都仅限于对方破门而入时会发出声音提醒你，并不能阻挡坏人进入你的房间。你只能抱着"有可能"震慑住坏人的心态用这些办法预防遭遇危险。

（二）用衣架挂住锁和防盗链

比用凳子更安全的方式，就是用衣架一头穿过防盗链，一头卡住门把手。衣架酒店里都有，就地取材也不麻烦。网上很多人分享过这个经验，但衣架的结实程度也很让人担心。通常情况下，木质衣架的承重在5斤左右，如果坏人执意要破门而入，搞定小小的木质衣架难度真的不是很大。

（三）阻门器

市面上可以买到的阻门器大致分为三种类型。一种是挂在锁和门框上，主要起报警作用的，它的缺点是没有做到真正把坏人挡在门外，依然会让住客处于危险的状况下。第二种是塞在门框底下的，也具有报警效果，坏人推开你房门的时候，会按下报警按钮。第二种阻门器比第一种阻门器好的是，它能承受坏人的多次撞击，给住客提供了遇到危险时的处理时间。最后一种是通过金属结构支架，将推门的力量引至地面的阻门器。简单来说，就是装上它，坏人撞门的话，相当于在砸地。但它的缺点是个头大，也比较重，出门在外住酒店带着没那么方便。

后记

我之所以讲这么多酒店安全相关的案例，并不是劝大家不要出门，不要住酒店、民宿。对旅行爱好者，我的建议一直是：提前了解，大胆预测，及时预防。世界很危险，但这并不能抹掉我们喜欢旅游的心和对自由出行的热爱。我们要做的就是事先预防，提前想好遇到危险时的解决办法及做好保护措施。毕竟开开心心地外出旅行，谁都不愿意遇到烦心事。

"怎么办?! 有人在跟踪我!"

· 遇袭自保 ·

我有一个朋友名叫小甜,曾讲述过她的"惊魂一刻"。有一天晚上,小甜突然在我们共同的群里说:"怎么办?!有人在跟踪我!他在地铁上就跟我搭话,我没理他,他现在跟着我下地铁了,现在还跟着!"大家隔着屏幕都能感受到她的紧张,纷纷建议她看看附近有没有派出所、警务站,没有的话,就跑去人多的地方。后来小甜进了超市,绕了20分钟,确认甩开对方后,才打车回了家。

小甜学习过很多安全知识,并且当时大家都积极给她出谋划策,因此她最终幸运脱险。但即便是学习了很多安全知识,在面对危险的那一刻,她的第一感觉仍是慌乱、恐惧和茫然。

那么,作为普通人的我们究竟怎么做,才能真正在危急时刻保护自己?

一、为什么遇到危险我会蒙?

(一)发蒙太正常了

在遭遇危机的那一刻蒙了,陷入"冻僵"状态,这其实是

221

人类的本能，或者说是动物的本能。用很专业的话来表达就是，突发危机带来的压力会让负责理智思考的前额叶皮层停止工作，于是人就会陷入"脑袋一片空白"的状态。紧接着，一种名为"极端生存反射作用"的机制便会接管身体。在这种状况下，人会全身僵硬，手脚无法动弹，哭不出声，说不出话，明明每一个毛孔都绷得紧紧的，但身体却动弹不了。这是因为在这个机制下，大脑会错误地判断此时身体若是不动，遭受的伤害会小一些。翻译成大白话就是，平时我们的大脑和身体是合作关系，大脑发出指令，身体配合完成。危险一来，大脑被吓到，先跑了："身体你自己看着办吧！"然后身体觉得："那我还是待着吧，待着挺好。"这一点在有些动物身上体现得特别明显——"装死"，比如穿山甲，遇到危险就缩起来一动不动，你怎么动它，甚至攻击它，它都装死到底，不反抗。

　　人类比其他动物有更丰富的激发理智的经验，让前额叶皮层工作起来，控制自己的本能反应，以便做出更有利的选择，比如逃跑或反抗。然而，并不是每一个人在危险面前都有这个能力。很多性侵受害者在事发时基本都是"冻僵"状态，她们在事后说："一切似乎太快了，等我反应过来，事情已经发生了。""我的身体是僵硬的，感觉自己的灵魂抽离了出来，看着在自己身上发生的一切，又仿佛觉得这一切和自己无关。"这是非常正常的反应，无须自责，但要努力面对它、解决它。

222

（二）那些临危不乱的人是怎么做到的？

被跟踪的小甜事后说道："发现被跟踪后，我脑海里一片空白。他如果冲过来攻击我，我应该只会乱扑腾，不知道怎么办。"我的另一位朋友小糖就没那么幸运了，她真的在深夜遇到了陌生人的袭击。据她所说，对方扑上来的时候，她先是蒙了一秒，然后瞬间清醒，迅速稳住自己，思考接下来的防身动作：抬头、掰手指、肘击、弯腰挣脱。对方可能是第一次犯罪，很尿，所以小糖的每一步都奏效了：那人怕痛，马上转身往马路另一边逃跑了。我们问她为什么能如此冷静地反抗，她却苦笑道："因为前男友是个特警。"

小糖和前男友谈恋爱的时候没事就会在家里摔摔打打，"抬头、掰手指、肘击、弯腰逃脱""如何从3米高的地方安全跳下，前滚跑走"……这些技能，她每天都要练习。每次练习都是拳拳到肉，实实在在地从2楼往下跳，一不小心就摔得鼻青脸肿。小糖有时候很崩溃，觉得男友跟她有仇。男友却说："因为罪犯不是我，他攻击你的时候不会让着你，我怕伤到你，他可不怕，他只为伤到你。"虽然这段感情没有走到最后，但给小糖留下了终生难忘的防身技能。小糖说："我有个屁的勇气，我吓死了。但是我当时知道我该怎么做、该往哪儿跑，因为那些动作我练了成百上千次，已经成了肌肉记忆，太熟了。"

当然，这个故事不是为了让大家去找个特警男友，而是想说："所有的技能都需要训练。"请牢记：看过≠学会，学会≠掌握，掌握≠安全。

二、我该如何训练自己

接下来我要教大家"女子防身术"了吗？不，我要讲的是更重要的事。

（一）事前预防，让冲突终止于开始之前

美剧《混战特工》里有这样一幕：新特工小马刚入职，被问到一个问题："如果这时你旁边的这位同事突然要杀你，你要怎么办？"小马有些发蒙："我为什么要考虑这个？我们是同事啊。"老特工说："我们随时要面临突发的、意想不到的危机——如果一切在计划之中，就算不上危机了——时刻准备着，是我们唯一能做的事。"

我们经常会遇到这样的情景：跟别人吵架时发挥不好，狼狈而归。事后复盘的时候，我们不断自责："我当时就应该这么说！这么骂他才解气！"

相信我，吵架失败，不仅是天赋的问题，还可能是你相关的技巧储备不够。你需要做的就是在事情发生前，先模拟演练可能的场景，然后做好准备。就像考试，拿到试卷时，发现"这题我做过"，那种爽快感真的很棒。

那么，针对接下来这几个日常场景，你该如何做模拟训

练？下面是解题思路。

1. 跟踪。

模拟一个场景：在回家路上，身后有人跟踪，你如何利用路边的一切环境、因素摆脱跟踪，不被对方知道你住哪儿？

路边的超市、派出所、警务站、监控探头在哪儿，哪条路人多，哪条路通向死胡同，哪个饭店或超市有前后门……这些信息你都需要掌握，然后利用这些信息，轻松甩掉对方，安全到家。

2. 闯入。

任何时候有人敲门，你都应该缓两秒，先思考：我有快递、外卖或需要查的水表吗？接着你应该通过猫眼观察，看对方是否刻意回避猫眼；确认对方信息后，你才可以开门。此外，你还可以养成在门后面放一个方便拿取的武器的习惯。

3. 当街拖走。

养成靠马路里侧走的习惯，避免被拖进路边停靠的可疑车辆。靠近自己一秒之内能抓住不被人拖走的物体，如栅栏、扶手、电线杆、行道树等。做个戏精，给自己编个剧本，越"狗血"越好，练习并熟记，被人贩子当成媳妇带走时，你可以随时套用人物，当街演戏。以人们爱看热闹的天赋，你的戏越"狗血"，越能吸引大家来围观，那么你至少不容易立刻被拖走。

（二）女子防身术是为了逃

做好上述准备，便能帮你规避掉一部分危险。但有些时候，上面的方法就不那么适用，无法帮助你预防危险。当我们很不幸地要跟罪犯正面交手时，"洪荒之力"哪里来呢？练！只有这一个办法。

大量练习防身术，形成肌肉记忆，能帮助你挣脱控制。

首先，牢记眉心、太阳穴、眼睛、颧骨、人中、下巴、喉结、心口、裆部、膝关节这些人体的脆弱之处，并熟悉手肘、手指、手掌、头顶、膝盖、脚跟等适合攻击的身体部位。然后，找到靠谱的防身术演示视频，学习如何在不同的被困场景中挣脱，比如肘击、叉眼睛、掰手指。这些动作看起来似乎没多难，但如果没有实操10次以上，你连动作都记不住。练100次够吗？练1000次够吗？不知道。但若是不练，它就是一个与你无关的小视频，遇到危险时你便只能坐以待毙。所以可以约上愿意陪你摔摔打打的人，一对一练习。

当然，一定要记住两点。第一，**不要携带剪刀、小刀等物品，它们不仅起不到防身作用，还可能激怒歹徒，增大自己受伤的风险**。第二，这也是最重要的——**所有的防身术都不是为了帮助我们击败歹徒，而是为了争取逃跑的机会和时间！**

锻炼身体，跑！

即使你学了5年跆拳道，黑段，站在一个比你高大的男人面前，你也可能没有太大胜算，因为力量不够。

挣脱后，你唯一能逃生的方法就是跑，边跑边呼救。

这种时候，平时健身的人的优势就表现出来了。在身体状态正常的情况下，一个每天晨跑、跳操、举铁的人，肯定要比每天坐办公室吃零食、刷剧的人跑得快一些。无须一开始就上泰拳、巴西柔术这种硬货，因为力量不够的话，使出来的都是花拳绣腿，不会有什么实质性效果。但每次运动都是对肌肉的锻炼：健身操可以练习身体的灵活度，瑜伽可以练习柔韧性，普拉提可以练习对肌肉的控制……不要觉得自己天生就是个很弱的人，连桶水都提不动。为什么很多"弱女子"单手抱起20多斤的宝宝也能毫不费力？因为循序渐进，习惯了。力量一直在你身上，你只需相信自己，并且训练如何使用它！

你所有的练习，都是为了应对那个"万一"。

后记

"女子防身术"一直存在很大争议，很多人认为它没有用，学了也是白费力气。无法否认的是，一些能在力气上取巧的动作，并不能抹平体格和力量上的差距。但通过一招一式的训练，你能够意识到：自己的身体是可以被掌控的，哪怕在最危险的时刻，也能不让身体"僵硬"。相信你自己，你的勇气、智慧和掌握的安防技巧都能成为你免于恐惧的护身符。在面对跟踪、袭击等危险时，好的防护意识和安全习惯，能大大降低受伤风险，帮助我们安全逃跑。

被绑架到后备厢里，
按一个按钮就可以救命

·汽车逃生·

在犯罪电影里，我们经常会看到这样的画面——凶神恶煞的绑匪将女孩五花大绑，扔进汽车后备厢，紧接着，"啪"的一声厢门关闭，女孩顿时陷入一片黑暗之中。在狭小而幽闭的空间里，女孩拼命挣扎却无能为力，绝望得令人窒息。电影之外，这一情节也会在真实生活中上演。你是否想过，假如真的遇到这样的危机，该如何脱身呢？

一位当警察的朋友告诉我：其实大多数汽车后备厢都有一种装置，关键时刻能救人一命。

一、藏在后备厢的逃生暗道

这种能救命的后备厢逃生装置，就藏在汽车的后备厢内部，一般位于后备厢的厢盖上，锁芯旁边。可能很多人都不曾注意到，即便注意到了，也未必知道它有什么用途。不过如果车主们有心翻阅过汽车使用手册，就不难找到关于它的具体介绍。

不同车型、品牌对后备厢逃生装置的设计有细微差异，但基本可以分为外置式、拉线式、内置式三种，打开方式有所不同。外置式逃生装置一般位于后备厢内部，厢盖上方有一个半弧形按键，往旁边一推，就可以打开。拉线式逃生装置也位于后备厢内部，厢盖上方有一个塑料拉手，在黑暗中可以反射荧光，使劲往外一拉，就可以打开。内置式逃生装置的大概位置与前面两种类似，但外观比较隐蔽，有可能在一个翻盖下方，需要用钥匙或带尖头的工具插入，拧开或者拨开锁芯，从而打开。

除了第三种，前两种装置都无须借助工具就可以打开，操作十分简单。在危急关头，受害者只需在黑暗中找到这个开关，动动手指，就能开启后备厢，趁绑匪开车之际，赶紧从车尾逃离。这种装置，除了能帮遭遇绑架的人逃脱，还有另一个重要用途，那就是当汽车落水后紧急逃生。

二、汽车落水逃生

汽车落水时，由于车头有发动机，车头比车尾重，所以车子沉入水中的角度，很有可能是车头往下，车尾朝上。在这种情况下，车尾比车头入水更慢，有利于人从后备厢逃生。打开后备厢有两种方法：一是用车内的后备厢开关，一般在驾驶座一侧的车门附近；二是用后备厢内部的紧急逃生装置。前者大多是电子开关，泡水之后会失灵；而后者靠的是纯机械动力，所以在水下也可以使用。

要通过后备厢逃出去，必须在最短的时间内完成以下步骤：

1. 解开安全带，转移至后排座位；

2. 放倒后排座椅；

3. 钻进后备厢；

4. 拉动（或扣动）紧急逃生开关；

5. 从后备厢逃生。

在紧要关头，要短时间内完成以上步骤，对普通人来说确实有难度。首先，这很考验车主对汽车的熟悉程度，你要知道你的车后排座椅能不能放倒，然后顺利找到每个开关。其次，就是时间因素，比起直接从门窗逃走，穿过一排排座椅从后备厢逃生，似乎有点舍近求远。

那么不幸落水时，还有更好的逃生方案吗？为此，我请教了知乎上汽车领域的一位答主，他的建议是：

1. 第一时间手动解锁车门，从车门逃生；

2. 如果车窗全是关闭的，会导致水压太大，车门暂时无法打开，这时应该先打开车窗，让车内外水压平衡，再开门逃生；

3. 如果窗户升降器泡水，导致车窗也打不开，就需要用到破窗工具了。

破窗工具中，比较常见的是车载安全锤，许多大型客车会强制配备。遭遇火灾、爆炸或落水时，可以用它击碎侧窗玻璃逃生。除了使用工具，还有"头枕"和"脚蹬"两种破窗方法，但操作起来有难度，不如专业工具来得高效，这里就不具体介绍了。不幸落水时，建议先尝试从门窗逃生，假如行不通，"后备厢逃生"就可以作为备选方案。

三、关于后备厢逃生装置，我还需要知道什么？

遗憾的是，并不是所有汽车都有后备厢逃生装置。在美国，所有汽车都必须配备这一装置，起因是1998年夏天接连发生了三起案件，一共有十几个儿童被困在后备厢无法逃脱，最终因车内高温窒息而死。

在中国，由于相关国家标准里不存在强制要求，因此许多汽车也就没这个开关。

至于哪些汽车会配备后备厢逃生装置，有记者采访过中国汽车工程学会科普文化中心的专家。专家表示，目前美系、德系和国产品牌的汽车都会配备后备厢逃生装置，车里的人可以放倒后排座椅，再通过逃生装置进行逃生；日系、韩系品牌汽车则可能没有配备这个装置。

为了确保信息准确，我咨询了几家不同品牌的4S店，其中有些店能确认自家的车配备了这个装置，有些店却对这个装置闻所未闻。可见，即便是汽车销售人员，也未必知道这个装置，更无法在购车时给你必要的提醒。

结合这些现实情形，给大家提几点实用建议。

1. 有车的朋友回家以后，对照汽车使用手册，检查汽车的后备厢是否配备了逃生装置。可以找一位经验丰富的司机陪同，练习将后排座椅放倒，钻入后备厢，找到开关打开后备厢。平时不要在后备厢堆放过多杂物，因为这些都可能成为"逃生暗道"上的重重障碍。

2. 买车的朋友在购车时可以提前询问车辆是否配备了这一装置，如果配备了，可以让销售人员展示一下具体位置。

3. 经常租车或帮人开车的朋友，可以在上车前问问车主这辆车有没有配备这一装置，尤其是在长途旅行或天气恶劣的时候。

4. 家里有孩子的朋友，要注意把逃生方法教给孩子，比如万一不小心被锁在车里，应该怎么开锁；如果打不开，如何打开双闪、鸣喇叭，引起周围叔叔、阿姨的注意；如果前面这些不管用，如何从后备厢里找到开关逃出去。不少成年人缺乏安全意识，儿童被困在车内因高温窒息而死的可怕事故几乎每年都会发生。如果家长尽早教会孩子相关逃生技能，这些悲剧也许就可以避免。

四、如果手被绑住怎么办

就"后备厢逃生"，我们和一位朋友聊起过，对方表示："可是，现实中的绑匪没那么好对付，他们绑架时一定会把人绑起来，并给嘴巴贴上胶条。就算人逃出去了，两手被捆着，也跑不远的。"针对这种顾虑，这里顺便教大家两个简单的挣脱技巧，能徒手完成。

（一）拧转滑脱

将双手向前抬起，双拳握紧掌心朝下，这样可以让我们手腕上的肌肉紧绷隆起，撑开更多活动空间。感到肌肉将绳索撑得足够紧后，再放松手掌，转动手腕，让双手掌心相对。这时，可以慢慢将手滑脱出来。要特别注意的是，要优先让大拇指滑出，这是成功的关键。绳索的绑法五花八门，这个方法在大多数情况下都能用，可以优先考虑。

（二）爆发挣断

将双手抬起，用牙齿咬住绳索的末端，尽可能将它拉紧，同时还可以调整一下锁结的位置，确保它处于我们的两手之间。然后，再次双手向上举到最高处（一定要高过头顶，越高越好），再用最大的力气向下猛拉至腹部。在用力过程中，双肘要向翅膀一样尽可能向外张开，背部两侧肩胛骨向中间靠

233

拢——平时我们可以练习几次，找到发力的感觉，整个过程要干脆有力。这时，绳结就会打开，因为它是最薄弱的位置。

这两个方法没有门槛，就连十几岁的儿童也可以照做，成功逃脱。

后记

本文介绍的逃生方法不一定适用所有的情况。比如车的型号不同，配备的装置不同，应对方法也就不同；被捆绑的情形多种多样，两个挣脱绳索的方法也未必在所有场合下都能起作用。但多一套方案成功逃生的概率就高一些，就像玩游戏要收集各种锦囊，留着通过困难的关卡，我们平时也应该牢记这些技巧，让自己有能力在遇到危险时上演一出漂亮的"金蝉脱壳"。我希望大家永远也用不到这些技巧，但掌握它们很有必要，毕竟，真正的灾难来临时，不会给人们时间排练。

被绑架、劫持、骗进传销活动，如何暗示别人帮你报警？

· 报警暗号 ·

2017年秋天，我收到过一个朋友的微信消息，让我帮他查一下去火车站的路线，然后他发来一个定位。我一看，他正在济南郊区的一个小区里。他特意叮嘱我，不要主动给他发消息。我稍微一琢磨，便意识到他这是被人骗进传销组织了。幸好那是个南派传销组织，他要走的时候没人拦着。后来他跟我说，他要是被骗进那种不让走的传销窝子，可能真的就死在那里了……

事实上，那一年，真的有一个叫李文星的男生在传销组织里失去了生命。而当时跟李文星一起被困的另一个男生，凭借提前跟发小沟通好的"求救暗号"，被成功解救了。他用了一种非常高效、安全的求救方式……

一、提前沟通好"求救暗号"，可能有机会活下来

2017年，985高校毕业生李文星惨死于天津传销组织魔窟的事件轰动全国。李文星是不幸的，但跟他一起落入传销组织的

235

另一个男生却非常幸运，顺利地被救了出来。这个幸存下来的男生在去这家公司面试之前（这个传销组织是打着"科技公司招聘"旗号骗人进去的），跟自己的发小开玩笑做了个约定："如果我用普通话跟你聊自己的女朋友，就说明我有危险，需要营救。"其实他俩都是光棍，结果这个玩笑成了他逃离危险的关键。他在跟发小"借钱"时，用上了这个约定的暗示，并且完全没被传销组织觉察，最终成功被救。

在危险来临之前跟家人朋友商量好隐蔽的"求救暗号"，能极大程度提高你获救的可能性和速度，但绝大部分人没有这样的意识。

二、事前没约好暗号，临时有什么办法呢？

我研究了上百个案例，总结了一些方法给大家。如果你被骗进传销组织、被家暴、被劫持、被绑架、被囚禁起来了，或许就能用上这些方法，间接暗示家人、朋友"我出事了"……

（一）故意使用错误的称呼

比如故意把哥哥叫成爸爸："爸，我正在家吃泡面呢，你能给我打点钱吗？""爸，我下午要去交一下那啥的钱。"如果你坚持使用错误的称呼，假装正常交流，家人就会发现你不对劲，可能出事了。

（二）聊点你不可能在做的事，或你完全没做过的事

你可以跟朋友说："我现在正跟某某在一起呢。"而"某某"正是接你电话的这个人。

（三）你正跟已经去世的人在一起，或者正打算去找他

央视曾经报道过一起绑架案。一个男人被绑架了，他在电话里跟妻子说："我给你爸买了礼物，等回去之后我请他喝酒，不醉不归。"但妻子的爸爸早已去世，她马上便意识到丈夫不对劲，可能有危险。

上面这些方法，是当你已经遇险被困时，暗示家人、朋友的技巧。

假如你没有被限制自由，你就可以找机会联系警察报警。

三、该怎么暗示警察你遇险了？

报警时，说你要订外卖。美国有个这样的案例，一个姑娘遭遇了家暴，她假装订比萨，偷偷打911报警。电话接通后，她不管接线警察在说什么，自顾自地报上地址和要求——"我要点大份比萨然后多加蘑菇……多久能送到？"

警察终于反应过来："你是不是遇到了紧急情况，不方便说？"

"对。"

"有其他人跟你在同一个房间是吗？"

"对的。"

"我安排了一位附近的警员上门查看。能保持通话吗……"

"不，尽快送来就好，谢谢。"

2023年8月，唐山一个姑娘被跟踪时用了同样的方法，她反复向接线警察暗示、强调自己的情况——

"爸爸，我待会儿就到家，来接我一趟呗。"

"你是不是打错电话了？"

"没有，爸爸，你不是说好来接我吗？"

"你是遇到什么麻烦了吗？"

"嗯！爸爸你来车站接我吧。"

警察这时反应过来了，通过电话添加了女孩的微信，向她了解了情况，指导她迅速坐车离开原地，并立即出警到约定的地点接到了她。

那如果压根没机会联系上家人、朋友、警察，怎么办呢？

四、只能接触到陌生人，你该怎么求救？

这些陌生人都可以成为你求救的对象：高速收费站的收费员、加油站的工作人员、银行里的保安和窗口柜员、路上的交警、邻居……

你可以用下面的方法向他们暗示、求救。用眼神，注视对方、眨眼，引起他的注意，暗示他"我有情况但不能开口讲"；用唇语，说"救命""救救我"；用手指在对方手心里写"110"——如果你可以借口跟陌生人借点卫生纸等物品的话；用"三短三长三短三长"的节奏敲墙、敲暖气管道，向隔壁传递"SOS"求救信号……如果你在开车时被人劫持，可以故意在有交警的路口闯红灯，剐蹭路上其他车辆，这些都能创造求救机会。注意，要剐蹭别人的车的话，注意选开得比较慢的，或者停在路边的有人的车辆，避免别人发现不了。

2018年年底，杭州一位妈妈接女儿的时候，被一名男子尾随进入车里抢劫。女儿趁妈妈把车开进加油站时，对工作人员疯狂眨眼，暗示自己遇到了危险。于是，工作人员悄悄跟后面一辆车的司机商量对策。这位车主拍下母女俩的车牌号并报警，成功解救了母女俩。

以上所有"暗示求救"的方法，既是教给被害人的，也是提醒各位的：如果哪天有人用这些方法向你暗示他遇到危险了，你可一定要敏锐察觉，迅速反应过来。

五、别当"猪队友"，你会间接害死别人

当有人用"暗中求救"的方式跟你联系时，你可千万要敏锐一点，配合他演戏，别当"猪队友"。

网上有这样一个帖子，一个姑娘被人入室抢劫，趁歹徒出

门的一段时间，她挣脱捆绑，报了警，还给弟弟打了求救电话，然后就在家里等着……歹徒返回来时，刚好110给女孩打来确认电话，她赶紧说："妈，我没事，平安到家了。""我不是你妈，是警察，你刚才是不是报警了？"她赶紧挂电话，但歹徒已经起疑。这时她弟弟又打来电话询问情况。她赶紧说："老师我明天想请假，不上班了……""我是弟弟呀，我问你到底住在哪儿？"这彻底暴露了她，歹徒疯狂地刺了她13刀，最后她靠装死才保住了性命。

如果这个故事是真的，实在是让人心痛又生气。女孩故意把对方的称呼叫错，这种"暗示"的目的其实非常明显，可惜听的人反应太迟钝了。如果接电话的人当时能意会她发出的信号，配合她演戏，她就不用挨那13刀了。

2018年8月，湖南一位出租车司机因为被求救对象暴露而丧了命。他深夜遇到劫匪，路上两次悄悄按下车里隐藏的"一键报警"按钮。结果出租车公司的接线员接到呼救后，直接给司机打了电话，问他"为啥报警"。

司机当时只能说是不小心碰到，接线员却回了一句："你要小心一点。"劫匪听到后一下被激怒，生怕留后患，用刀捅死了司机，被捕后他也称自己原本没打算杀人……

看完这些案例，我想建议大家，现在就设想一种"暗示"方法，跟家人和亲近的朋友做好约定：如果有一天我跟你们打电话时出现下面这些情况，说明我可能陷入困境，请读懂

女孩安全指南

我的暗示，想办法救我，必要时谨慎配合我演戏，千万不要暴露我。

1. 讲话方式奇怪，电话突然中断。

2. 一直叫错你的名字、称呼。

3. 不听你在说什么，自顾自地像演戏一样说话。

4. 跟你聊自己完全不可能在做的事，聊一些从没发生过的事。

5. 说自己正跟已经去世的人在一起。

6. 故意突出、强调一些奇怪的信息。

7. 突然跟你借一笔钱，理由不清，或者很奇怪。

后记

在影视剧中，我们经常能看到主角在遭遇危险时通过和朋友约定的"暗号"及时得到帮助而脱困。艺术来源于生活，这个方法在现实中同样有用。不妨按照本文介绍的方法，提前和亲朋好友约定"救命暗号"，给彼此都多一份安全保障。培养敏锐的安全意识，不仅可以帮助自己，更可以帮助别人。人多就是力量，单凭一个人的智慧也许不足以让我们从所有危险中脱身，但如果大家都具备灵敏的求救嗅觉，能迅速反应、行动，歹徒便无计可施。

遇到危险时大喊救命，90%的人都会帮你

· 求救方式 ·

　　提一个问题：你认为如果出门在外遇到危险，比如被人纠缠、被性骚扰、被车撞了，路人有多大可能会上前帮你一把？在我们的刻板印象里，路人总是冷漠无情的，大部分人只会围观"吃瓜"。每次出现"路人见死不救"的新闻，大家都会在义愤填膺后感慨一句：世风日下。

　　可真的是这样吗？

　　2019年7月，长沙发生了一起伤人事件，一名女孩深夜在街头被刺。现场监控视频显示，事发时，一辆出租车缓缓开过受伤的女孩身边，但司机并没有停下询问和帮助女孩。许多人因此痛批他见死不救，但真实的情况是，这辆出租车正好是女孩叫的车，司机第一次看到她时，以为她喝醉了，不确定是不是自己的乘客。把车开出去50米后，他停下来，给女孩打了电话，然后赶紧掉头，又打了110和120，并开着灯把车停在她身后，防止后面有车经过，撞到她。人们以为司机见死不救，只是根据片面的信息得出的结论。

　　那其他事件里的"路人"呢？大家真的都是见死不救吗？

一、围观的人越多，帮忙的人越少？

心理学上有一个"旁观者效应"，说的是发生事件的时候，在场的人越多，有人挺身而出帮助受害者的可能性越低。这是因为，人们难免会有"即便我不出手，这么多人在场，总会有人出手"的想法。个体的责任感被分散了，每个人都指望别人先站出来，最后的结果就是没人站出来。

这个心理学效应的产生源自20世纪60年代美国的一起凶杀案：受害者在回家路上被歹徒袭击，尽管有38名邻居目击，尽管她大声呼救了，歹徒还是在长达30分钟的时间里用刀将她捅死了。这个案件在当时引起了巨大的轰动，因此得到心理学家的关注。不过，几十年后，有不少观点认为这个案件被媒体夸张报道了，实际上中途有邻居报警，也有邻居通过喊话把歹徒吓跑了10分钟，只是歹徒后来又返回，在没人看得到的地方继续行凶。

因此，后来的心理研究和实验发现，路人出手相助才是常态，发生极端的旁观者效应是少数。

只不过在信息爆炸的时代，那些"见死不救"的恐怖个案被放大，因此给人的印象总是特别深刻，我们便渐渐形成了"人情冷漠"的刻板印象。但是，旁观者效应也并非没有道理，因为个体的责任感确实会被其他人分散，从而压制人们主动出手相救的积极性。那么，在遇到危险的时候，我们究竟要怎样求助才能得到帮助呢?

二、遇到险情时,怎样才能获得别人的帮助?

最重要的一点就是,一定要和具体的求助对象建立联系。2016年,北京和颐酒店发生的"女孩在房门口遭男子袭击"一事,女孩之所以获得了切实的帮助,很大程度上是因为她与伸出援手的女房客有直接的目光交流。在明确、直白的求助下,被分散的责任感回到了个体身上,而且对方能准确地意识到事态的严重性。所以,你可以参考以下具体的做法。

(一)用求助对象的特征,明确指定他来帮忙

如果路人比较多,并且离你有一段距离,你可以像这样求助:

"那个白衣服的大哥请帮帮我。"

"那边的大姐请来帮我一下。"

眼神交流也很重要,这样能更快、更准确地引起对方的关注,从而让对方建立帮助你的意识。

(二)告诉帮助你的人,他该做什么

明确告诉施救者他可以帮你做什么,让他意识到自己有能力帮助你。比如大喊:"我被人打伤了,求你快帮我打110

和120。""我被车撞伤了，请你帮我叫辆出租车，我需要去医院。"

（三）告诉求助对象你不是碰瓷的，不要担心

如果你在路上被撞倒，向人求助，你可以先跟求助对象解释自己不是碰瓷的，不会讹钱，主动提出让他或者旁人录像，留作证据。这样可以打消求助对象的顾虑，降低他向你伸出援手的心理成本和风险。

（四）被坏人纠缠时，损坏围观者的财物或场所内的设施

身陷险境时，我们不能完全指望别人的良心和善意，特别是在一些围观群众不知道该不该相信你的情况下，比如遇到人贩子打着家庭矛盾、情感矛盾的名义试图诱拐你。这时，放下你的公德心，以最快速度破坏围观者的东西，比如扯下别人的背包，抢夺对方的手机，撕毁别人的衣服，砸坏别人的汽车，推翻别人的摊位，等等。

如果在有管理者的场所，把门踢坏也好，把桌子掀翻也罢，总之，就是要给别人造成损失。怎么赔偿那都是获救之后的事，情况危急时，就是要让别人感到他的切身利益受到损害了，让他和其他围观者拦住你和坏人，最好直接闹到要报警的地步。

（五）喊"着火了""救火"比喊"救命"有用

和上一点相似，这也是让别人觉得自己的利益受损，甚至生命遭受了威胁，从而对你做出回应的做法。

（六）一些引起他人注意的方式

如果被困在某处，希望向别人发出求救信号，可以持续地发出巨大声响（砸门、砸玻璃、摔东西等），或者利用光亮示意他人（手电、镜子、眼镜等），或者抛物求救（书本、空塑料瓶等较软的物品）。

一般情况下，重复三次的行动都象征着寻求帮助。

后记

遇到危险时，学会正确地求助，能让陌生人迅速了解情况，及时伸出援手。请一定记得，"吃瓜群众""冷漠路人"只是我们的刻板印象，遇到危险时，我们获得路人帮助的可能性是很高的，特别是在你用对求助方式的情况下。希望我总结的方法能给大家一些安全感，让大家对这个社会多一点信任。

参考资料

《公共交通上的性骚扰：超半数受访者表示曾遭遇》，中国
　　新闻网，https://www.chinanews.com/sh/2015/06-25/7364302.
　　shtml

张旭著《英美刑法论要》，清华大学出版社，2006年

霭理士著，潘光旦译注《性心理学》，上海三联书店，2006年

《露阴癖男子电梯内骚扰女子被警方行政处罚》，民生网，
　　http://wap.msweekly.com/show.html?id=46762

《女子地铁站外屡遇露阴癖男子，拍照留证据后报警
　　（图）》，中国新闻网，https://www.chinanews.com/
　　sh/2014/02-14/5836036.shtml

《2016年中国电信诈骗事件分析报告》，艾媒网，https://www.
　　iimedia.cn/c400/45172.html

《被骗光学费心脏骤停，谁害死了准大学生徐玉玉？》，手机
　　凤凰网，http://inews.ifeng.com/49838425_4/news.shtml

《清华大学一位教师被电信诈骗1760万　警方介入调查》，界
　　面新闻，https://www.jiemian.com/article/826525.html?_t=t

《徐玉玉案涉案黑客窃取64万条山东考生信息 一审被判6年》，中国青年网，https://t.m.youth.cn/transfer/index/url/news.youth.cn/jsxw/201708/t20170824_10580220.htm

《网上公开叫卖卧室隐私售数十元，谁在偷窥你的家？》，环球网，https://baijiahao.baidu.com/s?id=1578320125188286610&wfr=spider&for=pc

《心理探秘：人为何热衷窥探他人隐私？》，壹心理网，https://www.xinli001.com/info/100354488

《曾奇峰：偷窥与人性》，壹心理网，https://www.xinli001.com/info/100446620

《我在一家24小时偷窥网站偷窥别人的爱情》，公路商店，https://mp.weixin.qq.com/s/5P_T4tqp02fg982GTfBwZg

《"酒能壮胆"、"酒后乱性"是真的吗？这篇文章说清楚了！》，腾讯医典，https://mp.weixin.qq.com/s/XuAVJ0ENttCvQyW85Qj0hA

《针对妇女的暴力——事实和数据》，豆丁网，https://www.docin.com/p-384846546.html

《中国性别暴力和男性气质研究》，豆丁网，https://www.docin.com/p-1179557095.html

《世上真有"解酒药"吗？》，丁香园，https://www.dxy.cn/bbs/newweb/pc/post/44838422?Keywords

《如何辨别亲密关系中的冷暴力，遭遇时应如何应对？》，知乎，https://www.zhihu.com/question/34122156/answer/3296096854

玛丽-弗朗斯·伊里戈扬著，顾淑馨译《冷暴力》，江西人民出版社，2017年

《中华人民共和国刑法》，国家法律法规数据库，https://flk.npc.gov.cn/detail2.html?MmM5MDlmZGQ2NzhiZjE3OTAxNjc4YmY2OTIyTA0YmY%3D

《中华人民共和国民法典》，国家法律法规数据库，https://flk.npc.gov.cn/detail2.html?ZmY4MDgwODE3MjlkMWVmmZTAxNzI5ZDUwYjVjNTAwYmY%3D

《中华人民共和国治安管理处罚法》，国家法律法规数据库，https://flk.npc.gov.cn/detail2.html?MmM5MDlmZGQ2NzhiZjE3OTAxNjc4YmY3NDc4ZTA2OTU%3D

《中华人民共和国反电信网络诈骗法》，国家法律法规数据库，https://flk.npc.gov.cn/detail2.html?ZmY4MDgxODE4MmNmNWMyMjAxODJmZDU0NDAxMDIzZDY%3D

《中华人民共和国劳动法》，国家法律法规数据库，https://flk.npc.gov.cn/detail2.html?ZmY4MDgwODE2ZjEzNWY0NjAxNmYyMGYxNmVlMTE3Mzc%3D

《中华人民共和国劳动合同法》，国家法律法规数据库，https://flk.npc.gov.cn/detail2.html?MmM5MDlmZGQ2NzhiZjE3OTAxNjc4YmY3NGQ3MTA2YjM%3D

《中华人民共和国劳动争议调解仲裁法》，国家法律法规数据库，https://flk.npc.gov.cn/detail2.html?MmM5MDlmZGQ2NzhiZjE3OTAxNjc4YmY2NGYyODAzOWQ%3D

《最高人民法院关于办理人身安全保护令案件适用法律若干问题的规定》，国家法律法规数据库，https://flk.npc.gov.cn/detail2.html?ZmY4MDgxODE4MzY0ZDkwMzAxODM3Y2QzNWM2NTM4ZTU%3D

《中华人民共和国反家庭暴力法》，国家法律法规数据库，https://flk.npc.gov.cn/detail2.html?MmM5MDlmZGQ2NzhiZjE3OTAxNjc4YmY3ZjlkNjA4ODk%3D

女孩别怕作者团队

辣辣

阿梵

大雷雷

大红红

童姥

杨流枫

尹深海

清一色

达克赛德

赛璐璐

鱼仔